westermann

ERLEBNIS
Mathematik

6

Arbeitsheft

Zahlenfolgen und Muster

1. Ergänze die nächsten drei Zahlen der Zahlenfolge auf dem Zahlenstrahl. Zeichne auch die Pfeile und beschrifte sie.

a)

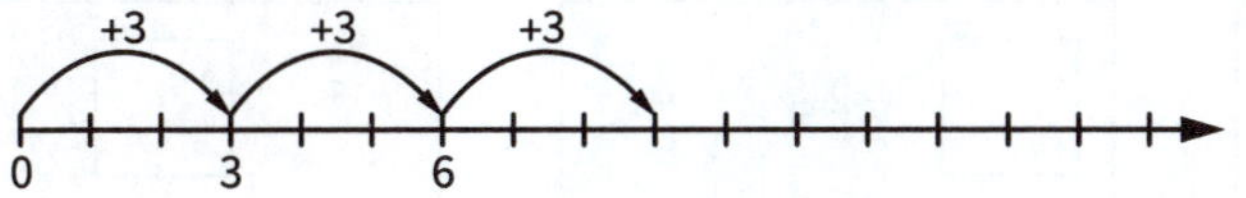

b)

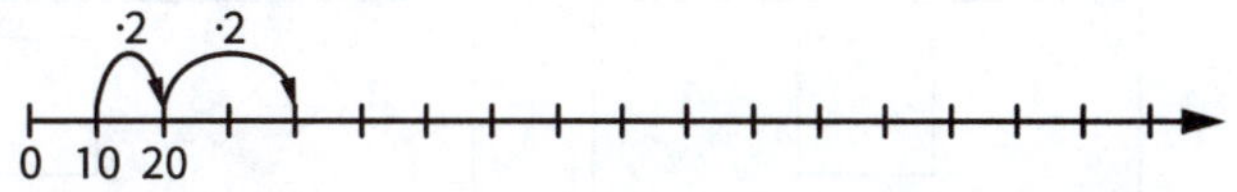

c)

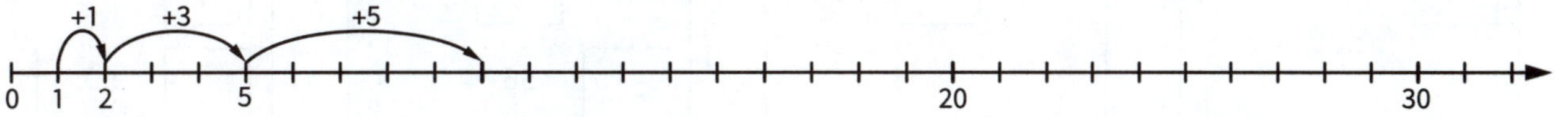

2. a) Bestimme die Anzahl der roten Quadrate in den Figuren ① bis ③.

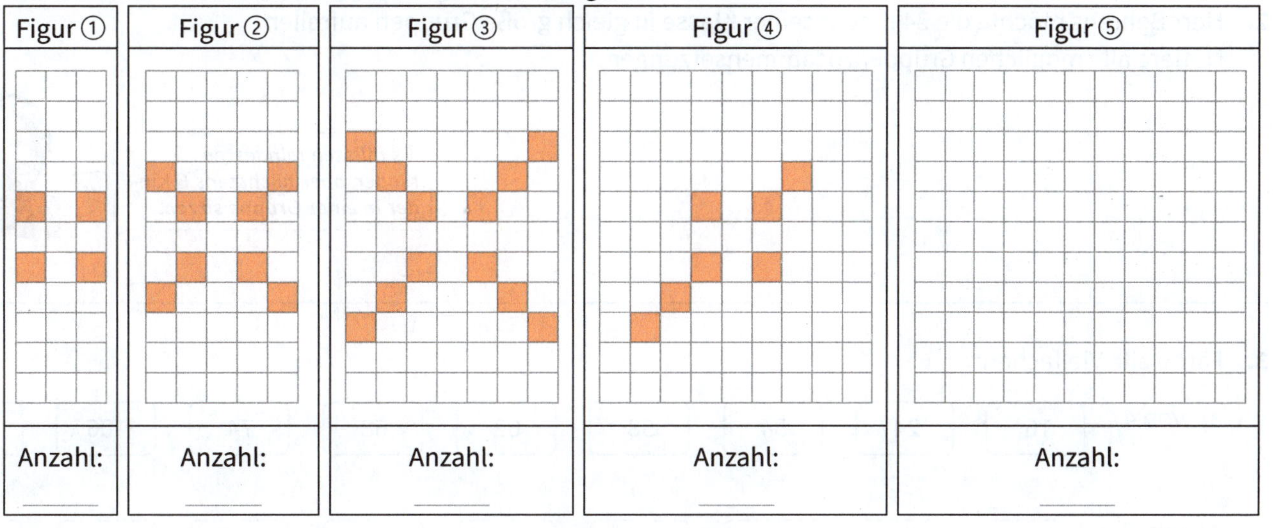

b) Ergänze die Figur ④ und bestimme die Anzahl der roten Quadrate.

c) Zeichne die Figur ⑤ und bestimme die Anzahl der roten Quadrate.

d) Notiere die Regel und bestimme damit die Anzahl der roten Quadrate der Figur ⑩.

Regel: ____________

Anzahl: ____________

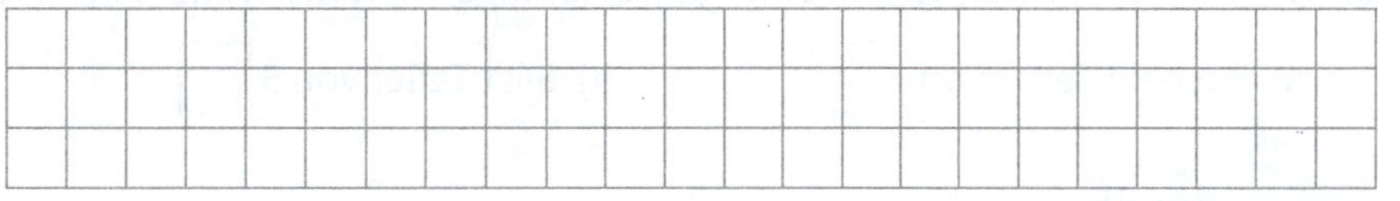

3. Nenne die Regel der Zahlenfolge und gib die nächsten drei Zahlen an.

a) 5, 10, 15, ____, ____, ____ Regel: +5

b) 15, 30, 60, 120, ____, ____, ____ Regel: ____________

c) 98, 94, 90, ____, ____, ____ Regel: ____

d) 4, 7, 11, 16, ____, ____, ____ Regel: ____________

e) 4, 12, 36, ____, ____, ____ Regel: ____

f) 24, 26, 29, 33, ____, ____, ____ Regel: ____________

4. Leon hat die Zahlen einer Folge auf Karten geschrieben.

a) Beschrifte die Karten mit den fehlenden Zahlen.

b) Notiere die Regel der Zahlenfolge. Regel: ____________

Teiler und Vielfache

1. Ergänze die fehlenden Teiler.

a) Teiler von 16

1	□	4
□	16	

b) Teiler von 45

1	3	□
9	□	45

c) Teiler von 56

□	2	4
7	□	14
□	56	

d) Teiler von 100

1	□	4
□	10	20
□	50	□

2. Herr Behrens möchte die 24 Kinder seiner Klasse in gleich große Gruppen aufteilen.
Notiere alle möglichen Gruppenzusammensetzungen.

Es müssen mindestens 2 Kinder, aber höchstens 6 Kinder in einer Gruppe sitzen.

3. Färbe alle Vielfachen:

a) von 4: 16 | 24 | 54 | 58 | 62 | 68 | 74 | 106 | 132

b) von 6: 16 | 18 | 54 | 62 | 72 | 96 | 120 | 166 | 252

3. Ergänze eine Ziffer, sodass eine wahre Aussage entsteht. Notiere alle Möglichkeiten.

a) 4 ist ein Teiler von 3□

32, 36

b) 5 ist Teiler von 5□

c) 6 ist ein Teiler von 7□

d) 8 ist Teiler von 4□

f) 3 ist ein Teiler von 6□

e) 9 ist ein Teiler von 18□

5. Lena will 36 Memory-Karten zu einem Rechteck auslegen.

a) Notiere alle möglichen Rechtecke.

b) Sie legt 7 Memory-Karten in eine Reihe. Wie viele Karten bleiben für die letzte Reihe übrig?

Teilbarkeitsregeln

1. Überprüfe, ob die Zahlen durch 2, 3, 5 oder 9 teilbar sind. Kreise alle Teiler ein.

a) 3 624
2 3 5 9

b) 4 968
2 3 5 9

c) 6 940
2 3 5 9

d) 16 245
2 3 5 9

2. Eier sollen in die abgebildeten Kartons abgepackt werden. Es soll jeweils nur eine Kartonsorte verwendet werden. In welchen Kartons können die Eier ohne Rest verpackt werden? Kreuze an.

a) 34 Eier; Karton: 2er ☐ 4er ☐ 10er ☐

b) 212 Eier; Karton: 2er ☐ 4er ☐ 10er ☐

c) 72 Eier; Karton: 2er ☐ 4er ☐ 10er ☐

d) 546 Eier; Karton: 2er ☐ 4er ☐ 10er ☐

e) 90 Eier; Karton: 2er ☐ 4er ☐ 10er ☐

f) 940 Eier: Karton: 2er ☐ 4er ☐ 10er ☐

3. Berechne die Quersumme der Zahl. Ist die Zahl durch 3 oder 9 teilbar? Kreuze an.

	a)	b)	c)	d)	e)	f)
Zahl	342	1 464	5 683	75 879	417 369	10 305 042
Quersumme						
teilbar durch 3	☐	☐	☐	☐	☐	☐
teilbar durch 9	☐	☐	☐	☐	☐	☐

4. Wenn man die Jahreszahl durch 4 teilen kann, ist es ein Schaltjahr. Ausnahmen sind alle vollen Jahrhunderte, die nicht durch 400 teilbar sind (z. B. 1700, 1800, 1900, 2100, 2200, ...).

a) 2024 war ein Schaltjahr. Gib die nächsten vier Schaltjahre an.

____

b) Überprüfe, ob die Jahreszahlen Schaltjahre waren. Kreuze an.

①	②	③	④	⑤	⑥	⑦
2016	2004	1982	1908	1884	1731	1592
☐	☐	☐	☐	☐	☐	☐

5. Die M4 fährt alle 9 Minuten vom Hauptbahnhof ab. Die erste Bahn fährt um 4:00 Uhr ab. Flynn ist um 5:27 Uhr am Bahnsteig. Wie lange muss er auf die nächste Bahn warten?

____

____

Primzahlen

1. a) Streiche alle Vielfachen von 2, 3 und 5, bis auf (2), (3) und (5) selbst.
b) Notiere alle Zahlen, die du nicht gestrichen hast.

1	(2)	(3)	4	(5)	6	7	8	9	10
11	12	13	14	15	16	17	18	19	20
21	22	23	24	25	26	27	28	29	30
31	32	33	34	35	36	37	38	39	40
41	42	43	44	45	46	47	48	49	50

2, 3, 5,

c) Neben der Zahl 1 ist eine weitere nicht gestrichene Zahl keine Primzahl. Markiere diese Zahl und begründe, warum diese Zahl keine Primzahl ist.

2. Setze eine Ziffer so ein, dass eine Primzahl entsteht. Notiere nur die größte Primzahl.

a) 3☐ b) 4☐ c) ☐9 d) 7☐ e) ☐7 f) 5☐ g) ☐1

3. Sind die Aussagen wahr oder falsch? Kreuze an und begründe deine Entscheidung.

a) Es gibt zwei Primzahlen, deren Differenz 4 ist. ☐ wahr ☐ falsch

b) 56 ist eine Primzahl. ☐ wahr ☐ falsch

c) Alle Primzahlen sind ungerade. ☐ wahr ☐ falsch

d) Es gibt eine zweistellige Primzahl mit der Quersumme 6. ☐ wahr ☐ falsch

4. Mit Hilfe von Primzahlen kann man Nachrichten verschlüsseln.

13 61 2 17 11 43 31 47 67 71 11 71 43 23 5 19 71 67

a) Ergänze die Codetabelle.

2	3	5	7			17						41							71			83
A	B	C	D							K		M				Q						W

b) Kannst du die Nachricht von Noah entschlüsseln?

Gemeinsame Vielfache

1. a) Markiere auf dem Zahlenstrahl alle Vielfachen von 2 und 5. Kreise alle gemeinsamen Vielfachen ein.

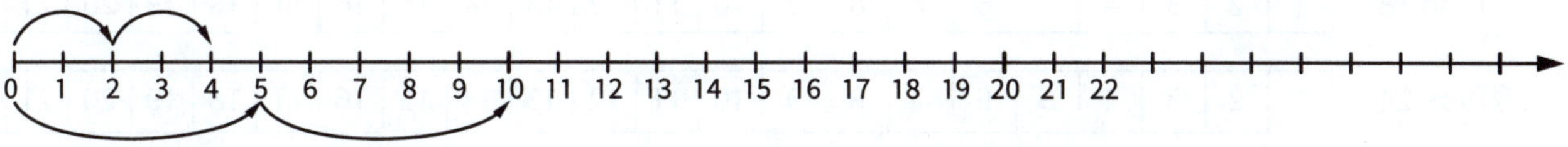

b) Gib das kleinste gemeinsame Vielfache von 2 und 5 an. kgV (2, 5) = ______

2. a) Ergänze die Reihen und markiere alle gemeinsamen Vielfachen der beiden Reihen.

Vielfache von 6:	6	12							54			
Vielfache von 8:		16				48			72			

b) Notiere das kleinste gemeinsame Vielfache: kgV (6, 8) = ______

3. Wähle aus den angegeben Vielfachen der größeren Zahl das kgV der beiden Zahlen aus.

a) kgV (3, 4) = ______

Vielfache von 4:
4, 8, 12, 16, 20, …

b) kgV (9,12) = ______

Vielfache von 12:
12, 24, 36, 48, …

c) kgV (8, 20) = ______

Vielfache von 20:
20, 40, 60, 80, 100, …

4. Die Züge der Modelleisenbahn fahren mit konstanter Geschwindigkeit. Der rote Zug benötigt 9 Sekunden für eine Runde, der weiße Zug 15 Sekunden. Beide Züge starten gleichzeitig am Hauptbahnhof.

a) Wann treffen sich die Züge am Hauptbahnhof zum ersten, zweiten und dritten Mal nach dem Start?

1. Mal: nach ______ Sekunden 2. Mal: nach ______ Sekunden 3. Mal: nach ______ Sekunden

b) Der rote Zug trifft nach 30 Runden auf den weißen Zug. Wie viele Runden hat der weiße Zug zurückgelegt?

c) Der weiße Zug hat 22 Runden zurückgelegt. Trifft er am Hauptbahnhof den roten Zug? Begründe.

5. Paul und Tom sind begeisterte Radfahrer. Paul fährt die große Radtour alle 8 Tage, Tom fährt sie alle 12 Tage. Heute, am Freitag fahren beide die Radtour gemeinsam.
Nach wie vielen Tagen fahren sie das nächste Mal wieder gemeinsam die Radtour? Welchen Wochentag haben wir dann?

Gemeinsame Teiler

1. a) Färbe die Teiler.

① von 18

1	2	3	4	5	6	7	8	9	10	11	12	13	14	15	16	17	18	19	20	21	22

② von 24

1	2	3	4	5	6	7	8	9	10	11	12	13	14	15	16	17	18	19	20	21	22

b) Notiere alle gemeinsamen Teiler der Zahlen 18 und 24. ______

c) Gib den größten gemeinsamen Teiler der Zahlen 18 und 24 an. ggT (18, 24) = ______

2. Kreise die gemeinsamen Teiler ein und notiere den größten gemeinsamen Teiler.

a) ggT (16, 52) = ______

Teiler von 16:
1, 2, 4, 8, 16

Teiler von 52:
1, 2, 4, 13, 26, 52

b) ggT (27, 63) = ______

Teiler von 27:
1, 3, 9, 27

Teiler von 63:
1, 3, 7, 9, 21, 63

c) ggT (36, 78) = ______

Teiler von 36:
1, 2, 3, 4, 6, 9, 12, 18, 36

Teiler von 78:
1, 2, 3, 6, 13, 26, 39, 78

3. Sophia und Tom sammeln Murmeln. Sophia hat 42 rote Murmeln, Tom 56 blaue Murmeln. Sie möchten die Murmeln in gleiche große Beutel aufteilen, sodass jeder Beutel nur Murmeln einer Farbe enthält. In allen Beuteln sollen gleich viele Murmeln sein.

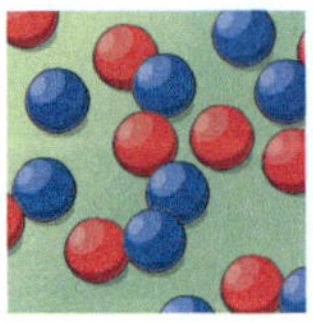

a) Wie viele Murmeln können in jeden Beutel verpackt werden? Nenne alle Möglichkeiten.

______

b) Sophia und Tom wählen die größtmögliche Anzahl von Murmeln für einen Beutel aus. Wie viele Beutel erhalten sie insgesamt?

______

______

4. Emma möchte eine 92 cm lange und 64 cm breite Tischplatte mit quadratischen Fliesen bekleben.

a) Gib alle möglichen ganzzahligen Fliesengrößen an.

b) Emma wählt die größtmögliche Fliesengröße aus. Wie viele Fliesen braucht sie für die Tischplatte?

Digital+ WES-128745-026

SB S. 26 – 29

Zuordnungen

1. Nora und Flynn wandern zur Rabenklippe im Harz.

a) Lies aus den Graphen die fehlenden Angaben ab.

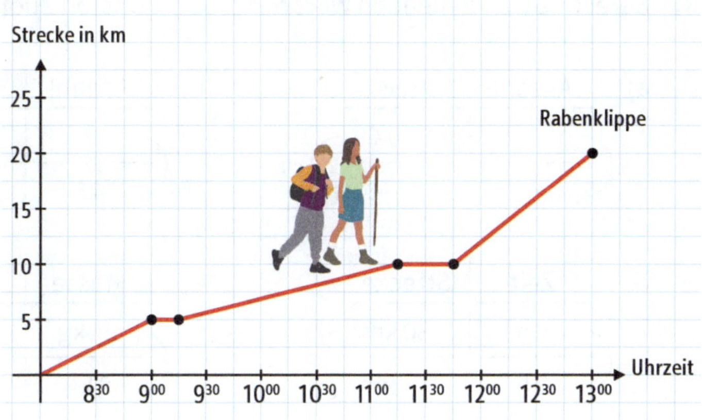

Die beiden starten um ______ Uhr mit der Wanderung. Bis zur ersten Pause wandern sie insgesamt ______ h. Bis hierher haben sie ______ km zurückgelegt. Nach ______ min beginnen sie die 2. Etappe. Sie dauert ______ h. Die 2. Pause beginnt um ______ Uhr. Sie setzen die Wanderung nach ______ min fort. Nach weiteren ______ min haben sie das Ziel erreicht. Sie haben insgesamt eine Strecke von ______ km zurückgelegt.

b) Kreuze an. Korrigiere unten die falschen Aussagen.

	wahr	falsch
① Nora und Flynn haben insgesamt 45 Minuten Pause gemacht.	☐	☐
② 3 Stunden nach dem Start haben Nora und Flynn die zweite Pause gemacht.	☐	☐
③ Um 10:30 Uhr haben Nora und Flynn die halbe Strecke geschafft.	☐	☐

____

____

2. Tim hat die Temperaturdaten für einen Frühlingstag für Osnabrück notiert.

Uhrzeit	0^{00}	2^{00}	4^{00}	6^{00}	8^{00}	10^{00}	12^{00}	14^{00}	16^{00}	18^{00}	20^{00}	22^{00}	24^{00}
Temperatur	17 °C	15 °C	13 °C	14 °C	17 °C	21 °C	25 °C	27 °C	26 °C	24 °C	23 °C	19 °C	18 °C

a) Trage die Temperaturdaten in das Diagramm ein. Verbinde die Punkte mit einer gekrümmten Linie.

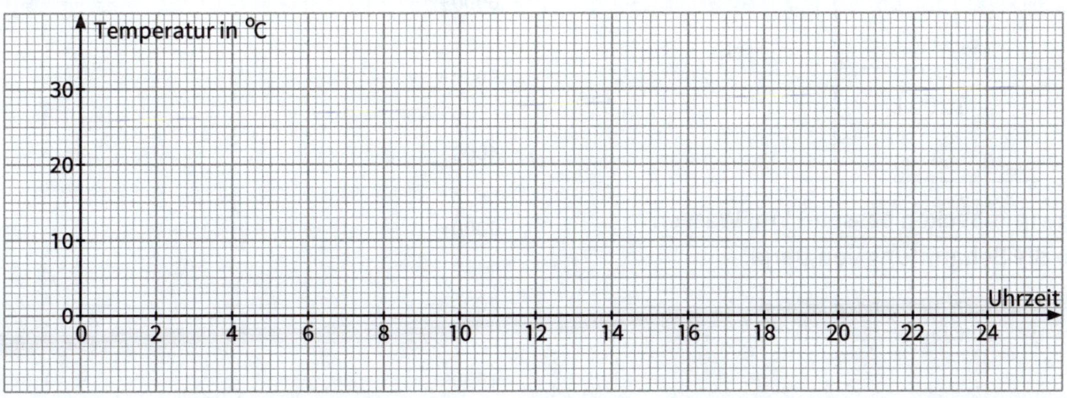

b) Markiere im Schaubild die höchste und die niedrigste Temperatur.

c) Überprüfe die Behauptung von Tim.

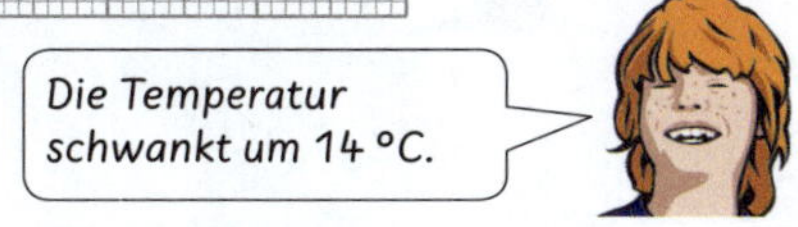

Proportionale Zuordnungen

1. Berechne den fehlenden Wert der proportionalen Zuordnung. Beschrifte die Pfeile mit deiner Rechnung.

a)

Anzahl	Preis
1	1,20 €
4	€

(·4 / ·4)

b)

Anzahl	Preis
3	5,00 €
15	€

c)

Anzahl	Preis
4	50 €
16	€

d)

Zeit	Strecke
6 h	30 km
2 h	km

e)

Masse	Preis
24 kg	3,60 €
8 kg	€

f)

Zeit	Strecke
21 h	140 km
3 h	km

2. a) Tim hat 6 Kiwis gekauft. Wie viel muss er bezahlen?
b) Lisa hat 5,40 € bezahlt. Wie viele Kiwis hat sie gekauft?

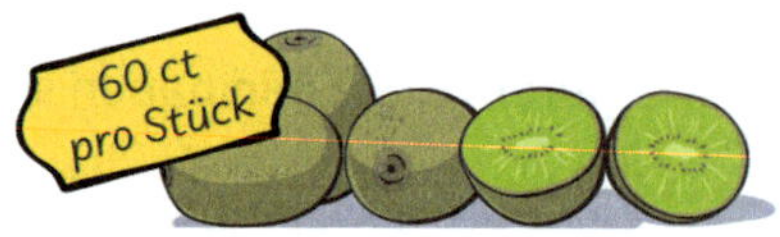

3. Familie Sommer füllt ihr Schwimmbecken.
Pro Stunde wird das Becken mit 900 Liter Wasser gefüllt.

a) Ergänze die Tabelle und trage die Wertepaare in das Koordinatensystem ein. Verbinde die Punkte sinnvoll.

Zeit	Füllmenge
0 h	0 ℓ
1 h	900 ℓ
2 h	
3 h	
6 h	
	7 200 ℓ
10 h	

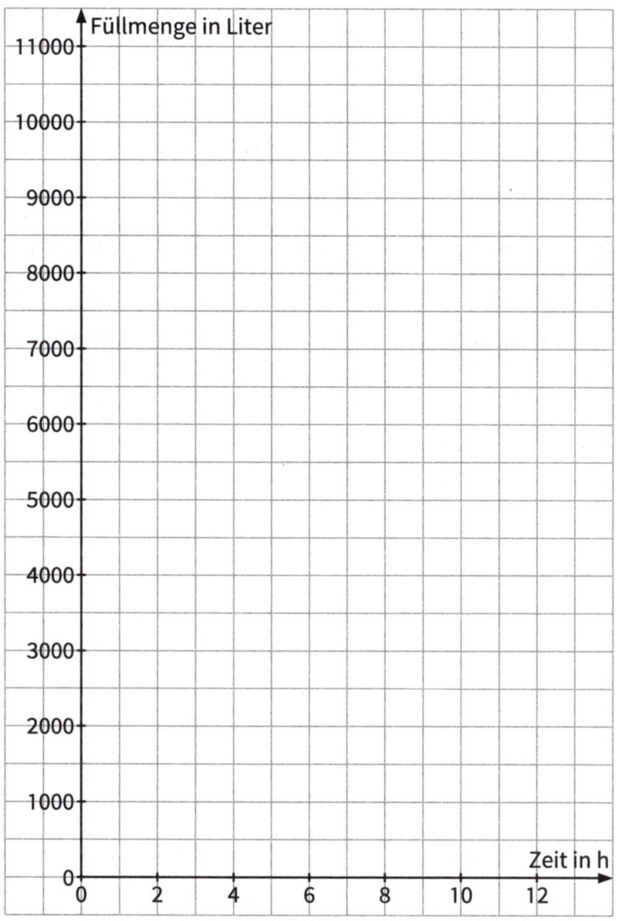

b) In das Schwimmbecken passen 11 m³ Wasser.
Überprüfe die Behauptung von Darja.

Nach 12 Stunden ist das Schwimmbecken voll.

Zahlen unter und über Null

1. Zwei Kärtchen passen zusammen. Verbinde sie mit einer Linie.

7 °C unter Null	7 m über NN	7 € Guthaben	7 m unter NN	7 € Schulden	7 °C über Null
+ 7 €	+ 7 m	− 7 €	− 7 °C	+ 7 °C	− 7 m

2. a) Lies die Temperatur ab.

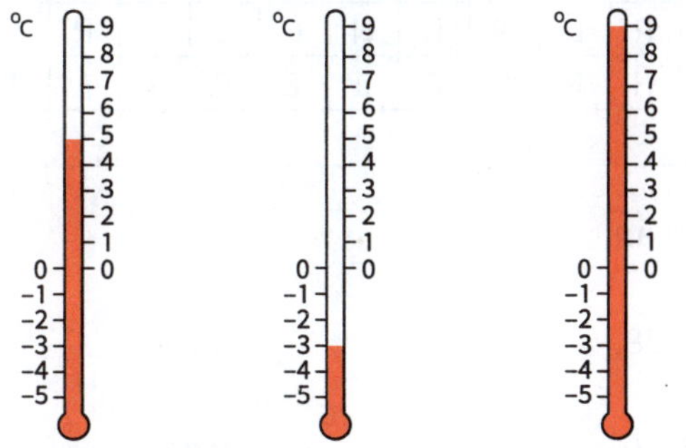

b) Zeichne die Temperatur ein.

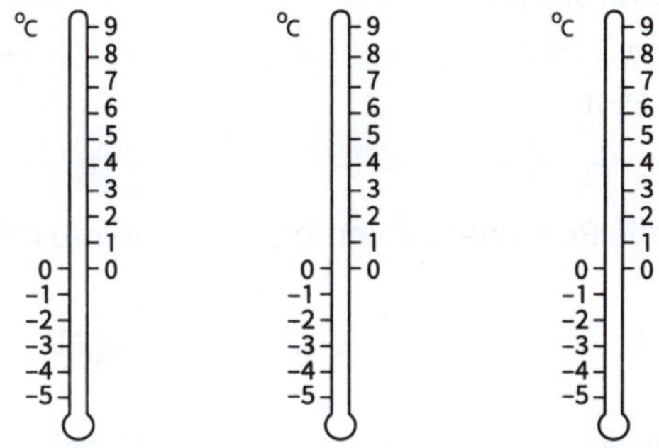

+ 8 °C + 6 °C − 5 °C

3. a) Markiere die Zahlen auf der Zahlengeraden.

− 9 + 6 − 5 + 2 + 7 − 3 − 6 + 11

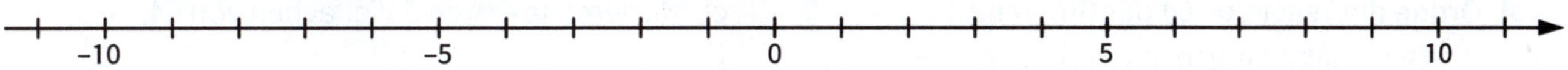

b) Welche Zahl ist die kleinste markierte Zahl auf der Zahlengerade? ______

c) Welche Zahl ist die größte markierte Zahl auf der Zahlengerade? ______

d) Welche beiden markierten Zahlen sind gleich weit von der Null entfernt? ______ und ______

4. Auf einem Girokonto wurde folgende Kontobewegung durchgeführt. Ergänze die fehlenden Werte.

a)

Datum	Verwendungszweck	Betrag	neuer Kontstand
22.04.	Supermarkt	− 80 €	520 €
23.04.	Einzahlung	100 €	
27.04.	Miete	− 440 €	180 €
30.04.	Möbelkauf	− 200 €	
02.05.	Gehalt	3 400 €	

Wie hoch war der Kontostand am 21. April? ______

b)

Datum	Verwendungszweck	Betrag	neuer Kontstand
03.06.	Gehalt	2 500 €	1 800 €
05.06.	Miete	− 620 €	
10.06.	Autoreparatur	− 1 400 €	− 220 €
11.06.	Einzahlung	500 €	
15.06.	Heizkosten	− 170 €	

Wie hoch war der Kontostand am 02. Juni? ______

Aufgabe 1 – 5

1. Finde die Begriffe zu Zahlen und Daten und färbe sie. Du findest sie senkrecht oder waagerecht, vorwärts oder rückwärts.

- ☐ Quersumme
- ☐ Zahlenfolge
- ☐ proportional
- ☐ Vielfaches
- ☐ Zuordnung
- ☐ Primzahl
- ☐ Teiler

A	S	F	G	H	U	L	O	X	E	Z	T	I	O	P	I
P	R	O	P	O	R	T	I	O	N	A	L	Z	U	E	W
R	H	U	K	L	U	M	N	I	X	H	R	M	K	T	E
I	V	B	N	H	T	R	W	H	Y	L	L	N	K	E	T
M	A	Q	U	E	R	S	U	M	M	E	C	G	U	I	Z
Z	F	G	H	J	K	L	I	O	P	N	H	Z	D	L	B
A	D	F	A	P	I	V	I	E	L	F	A	C	H	E	S
H	X	D	R	T	F	C	V	G	Z	O	O	K	N	R	D
L	Q	W	E	R	T	F	G	H	U	L	K	I	R	T	Q
U	E	Z	U	O	R	D	N	U	N	G	O	P	R	C	Y
T	R	Z	I	K	H	R	C	A	J	E	F	Y	A	T	X

2. Nenne die Regel der Zahlenfolge und gib die nächsten drei Zahlen an.

a) 15, 18, 21, ____, ____, ____ Regel: ____

b) 48, 43, 38, ____, ____, ____ Regel: ____

c) 2, 10, 50, ____, ____, ____ Regel: ____

d) 1, 3, 6, 10, ____, ____, ____ Regel: ____

3. a) Finde die Teiler von 64. Streiche die anderen Zahlen.

12 | F 2 | R 64 | T 128 | V 1 | P 8 | D 4 | O 16 | U 32 | K 24 | E

b) Ordne die Teiler von 64 der Größe nach. Die Buchstaben ergeben ein Lösungswort.

____

c) Notiere die ersten 5 Vielfachen von 64.

____

4. Berechne den fehlenden Wert der proportionalen Zuordnung. Beschrifte die Pfeile mit deiner Rechnung.

a)

Anzahl	Preis
2	2,40 €
6	€

b)

Anzahl	Preis
8	11,20 €
2	€

c)

Anzahl	Preis
21	81,00 €
	27,00 €

d)

Anzahl	Preis
6	7,20 €
3	€

e)

Anzahl	Preis
3	3,90 €
15	€

f)

Anzahl	Preis
7	10,50 €
	31,50 €

5. a) Bestimme das kgV von 18 und 27.

kgV (18, 27) = ____

b) Bestimme den ggT von 8 und 12.

ggT (8, 12) = ____

SB S. 35 – 37

Aufgabe 6 – 8

6. In der Abbildung siehst du einen Tauchgang von Ann-Christine.

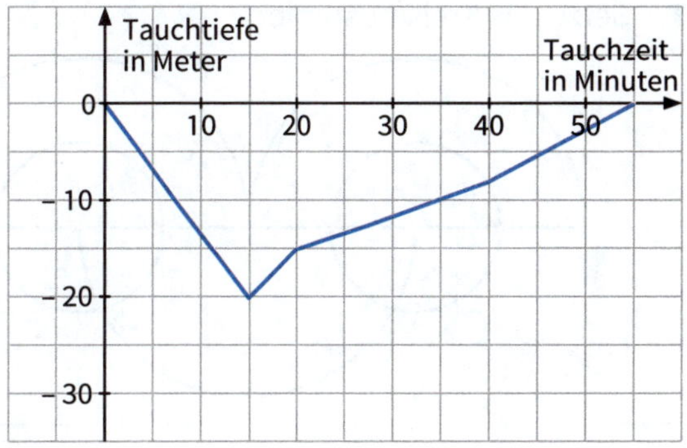

a) Wie tief ist Ann-Christine getaucht?

b) In welcher Tiefe war Ann-Christine nach 20 Minuten?

c) Wie lange dauerte Ann-Christines Tauchgang?

---

7. Frau Müller möchte die Kinder ihrer Tanzgruppe in Kleingruppen einteilen. Sie stellt fest, egal ob sie Kleingruppen zu 2, 3 oder 4 bildet, es bleibt immer ein Kind übrig. Wie viele Kinder sind in der Tanzgruppe? Gib drei Möglichkeiten an.

---

8. Bei einen Freundschaftsspiel werden Eintrittskarten verkauft.
An den Eingängen wurden dieses Einnahmen erzielt: 964 €, 762 € und 675 €.

a) Ordne die Einnahmen den drei Eingängen zu.

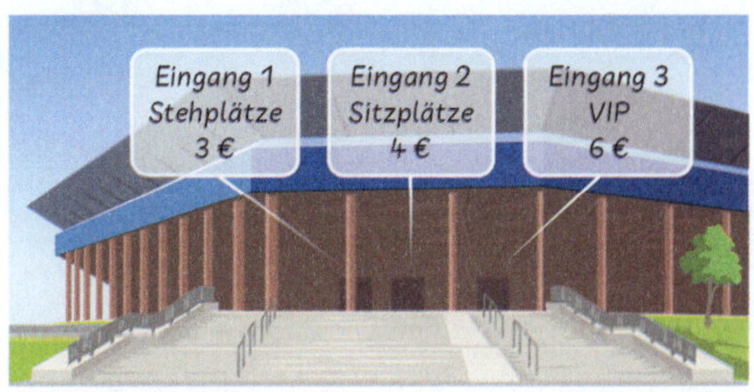

Eingang 1 ______

Eingang 2 ______

Eingang 3 ______

b) Bestime die Gesamtanzahl der Besucher, die das Freundschaftsspiel besucht haben.

Aufgabe 9

9. Adrian hat Schleierkraut untersucht. Er hat festgestellt, dass sich das Schleierkraut sehr regelmäßig verzweigt. Zählt man die Äste erhält man folgende Zahlenfolge: 1, 3, 9, 27, …

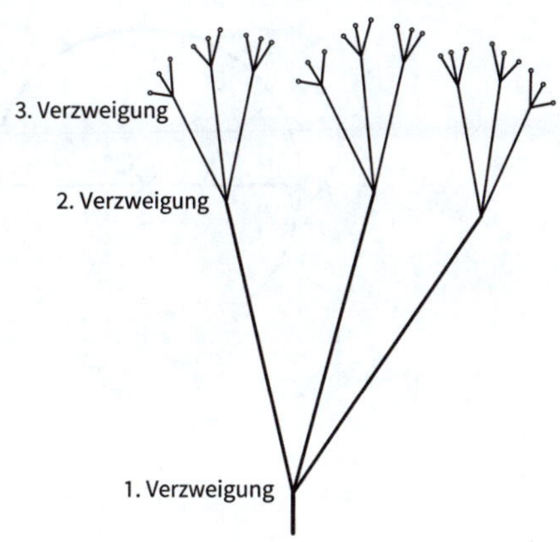

a) Gib die Regel der Zahlenfolge an.

b) Wie viele Äste hat das Schleierkraut nach 5 Verzweigungen?

c) Das Schleierkraut hat 729 Äste. Gib die Anzahl der Verzweigungen an.

Der Kreis

1. Setze das Kreismuster fort.

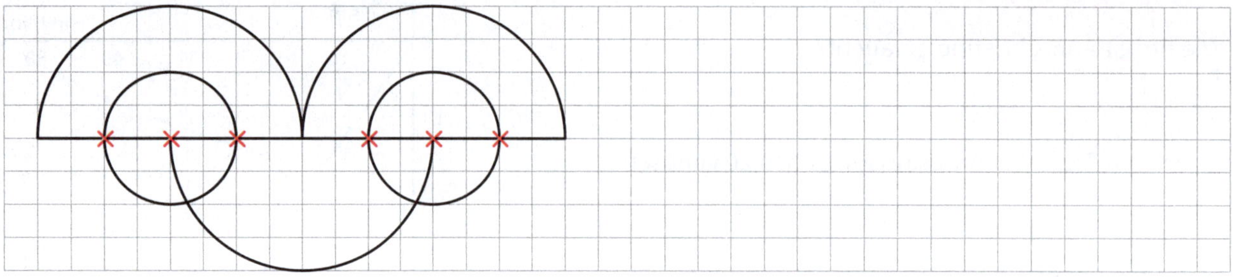

2. Zeichne den Radius und den Durchmesser ein. Miss ihre Längen.

a)

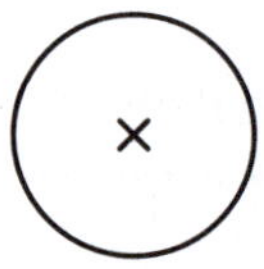

r = ___________

d = ___________

b)

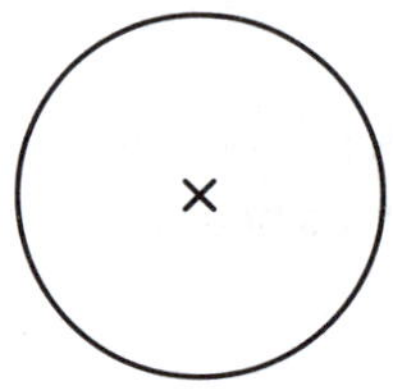

r = ___________

d = ___________

3. Zeichne den Kreis mit dem angegebenen Durchmesser. Berechne vorher den Radius.

a) d = 4 cm r = ___________ b) d = 50 mm r = ___________ c) d = 3 cm r = ___________

×M ×M ×M

4. Vervollständige die Kreisfigur, indem du den Anweisungen der Konstruktionsbeschreibung folgst.

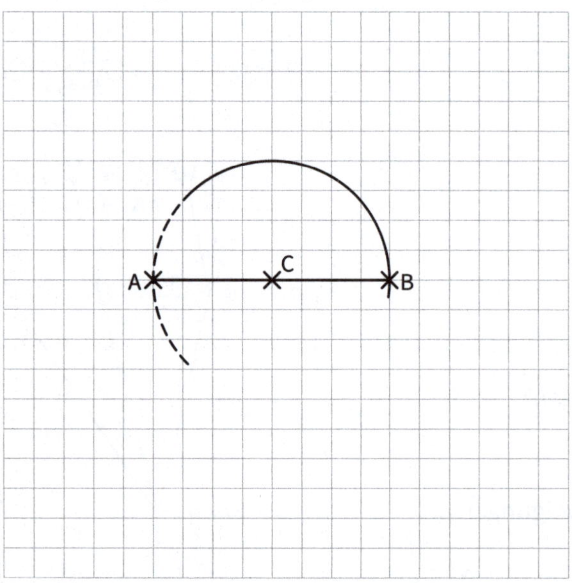

1. Ich zeichne eine Strecke $\overline{AB}$ mit der Länge $\overline{AB} = 4$ cm.
2. Den Mittelpunkt der Strecke $\overline{AB}$ nenne ich C.
3. Ich zeichne einen Kreis um C mit dem Durchmesser $\overline{AB}$.
4. Im Punkt C errichte ich eine Senkrechte g auf dem Durchmesser $\overline{AB}$. Den unteren Schnittpunkt von g und dem Kreis um C nenne ich D, den oberen E.
5. Jetzt zeichne ich vier gleich große Kreise, alle mit dem Radius $\overline{AC}$, und zwar um A, um B, um D und um E.
6. Den Schnittpunkt des Kreises mit dem Mittelpunkt D und der Geraden g nenne ich F.
7. Ich zeichne einen Kreis um F mit r = 1 cm.

Besondere Vierecke

1. Ordne die Namen der Vierecke richtig zu. Verbinde jeweils mit einer Linie.

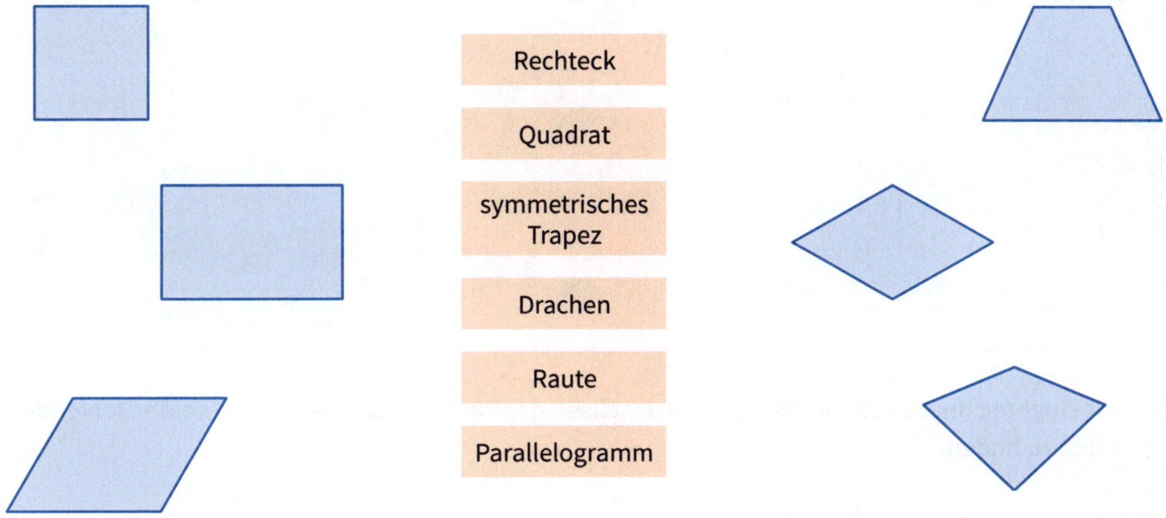

2. Zeichne das Viereck mit den angegebenen Eckpunkten in das Koordinatensystem ein und gib den Namen des Vierecks an.

a) A(0|0), B(4|1), C(4|4), D(0|3)

____

b) E(7|0), F(8|3), G(7|6), H(6|3)

____

c) I(2|8), J(8|9), K(2|10), L(0|9)

____

d) M(0|7), N(1|5), O(4|5), P(5|7)

____

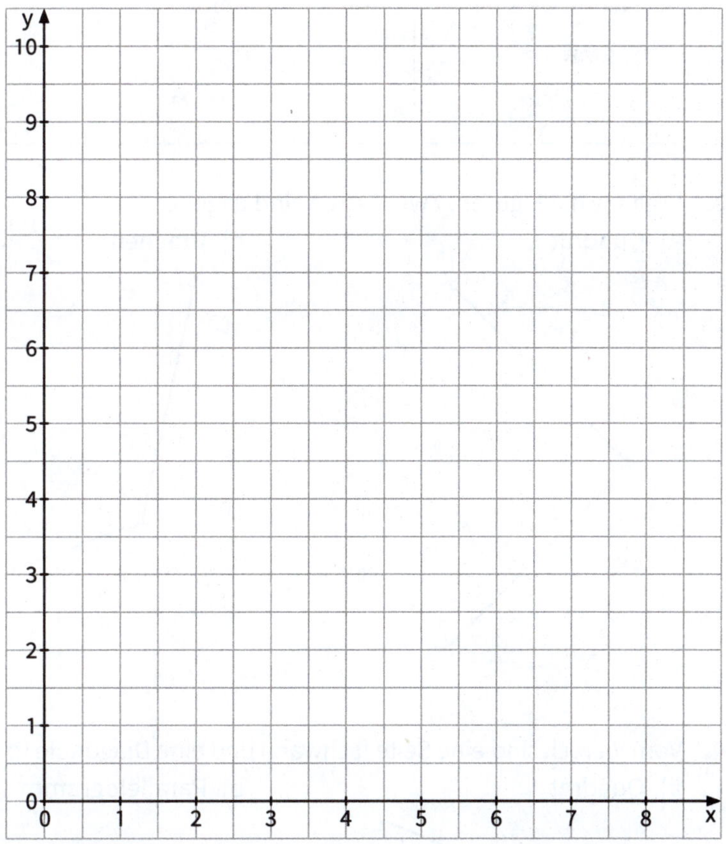

3. Auf dem 4x4-Geobrett können fünf unterschiedlich große Quadrate gespannt werden. Zeichne jeweils ein anderes Quadrat auf jedes Geobrett.

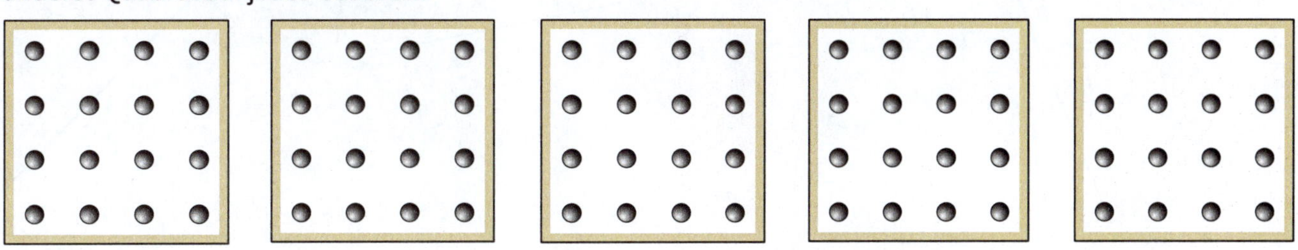

SB S. 48

Besondere Vierecke zeichnen

1. Ergänze den Punkt D so, dass das genannte Viereck entsteht. Verbinde dann die Eckpunkte.

a) Parallelogramm

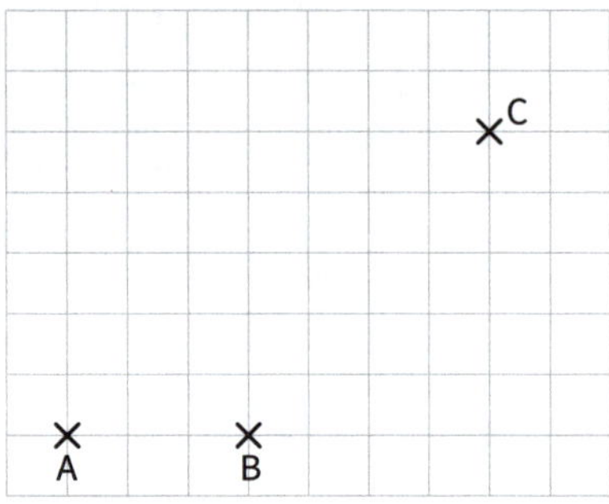

b) symmetrisches Trapez

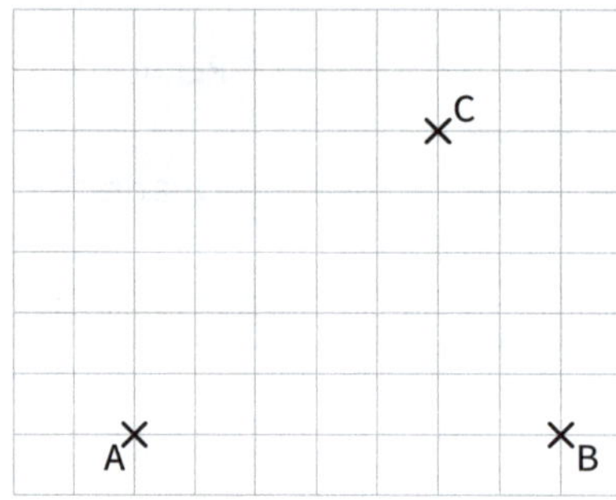

c) Drachen

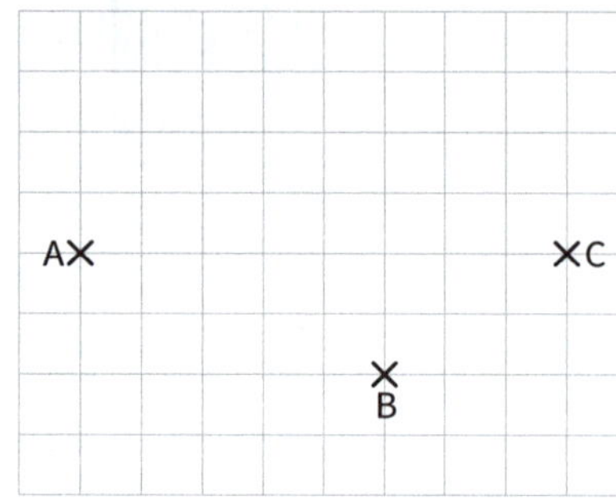

2. Rot eingezeichnet siehst du die Symmetrieachsen der Raute. Nutze sie, um die beiden fehlenden Eckpunkte der Raute zu finden.

a)

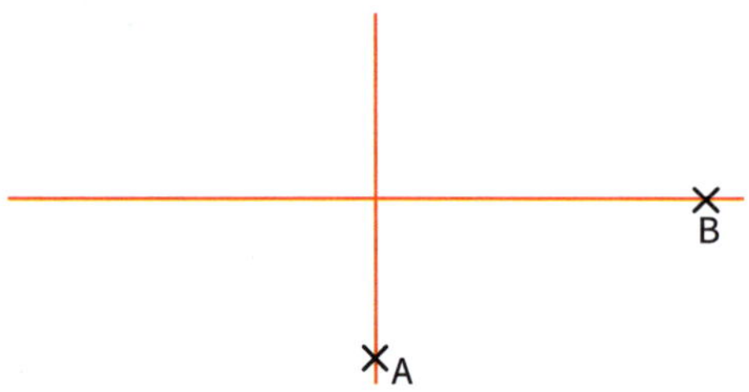

b)

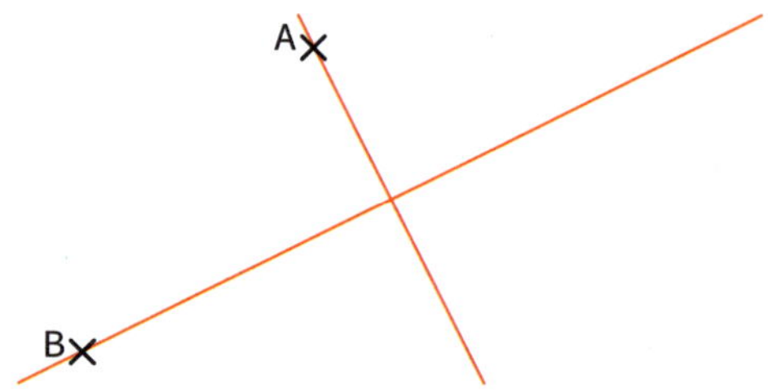

3. Ergänze die Figuren. Zwei Seiten sind gegeben.

a) Quadrat

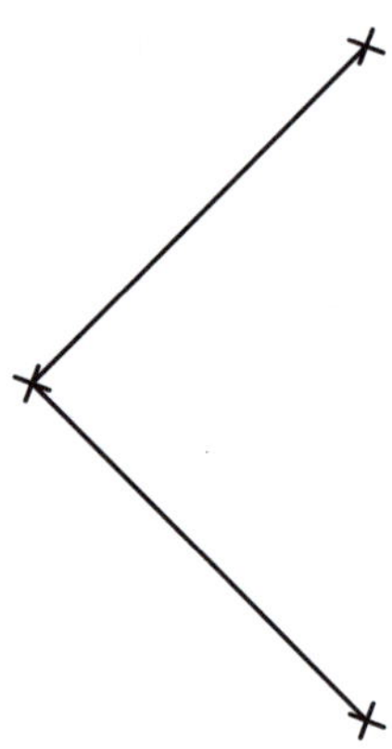

b) Drachen

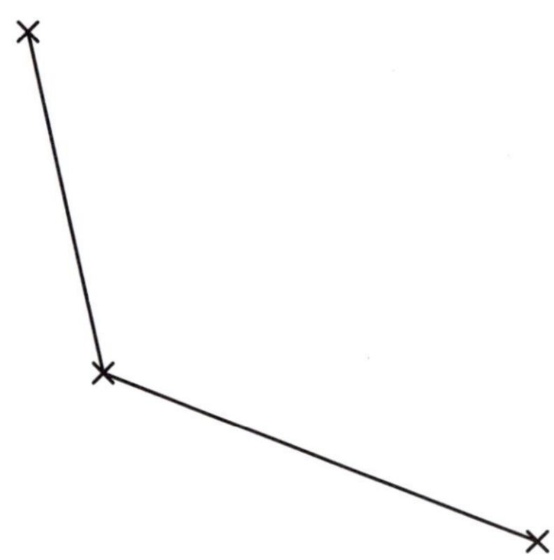

c) symmetrisches Trapez

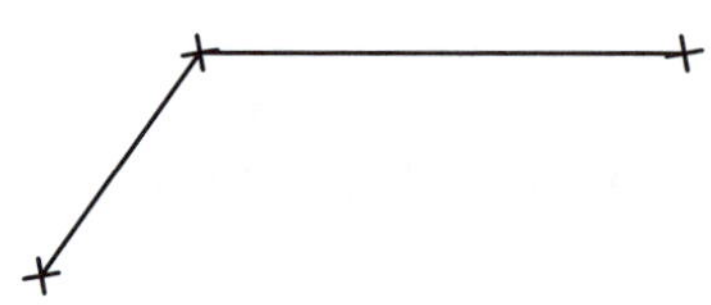

4. Vom Viereck sind eine Seite (schwarz) und eine Diagonale (blau) gegeben. Vervollständige und zeichne das Viereck.

a) Quadrat

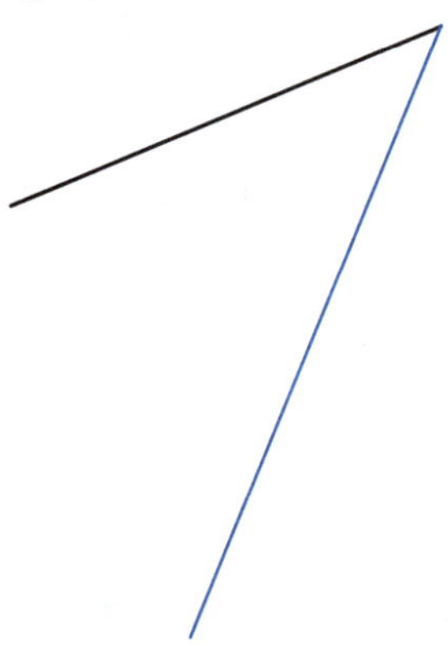

b) Parallelogramm

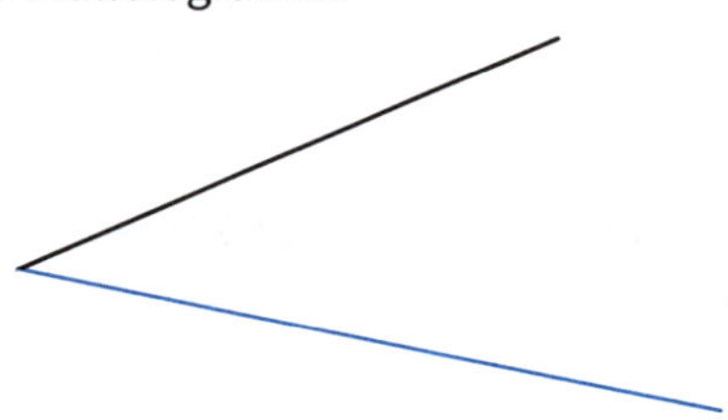

c) Drachen

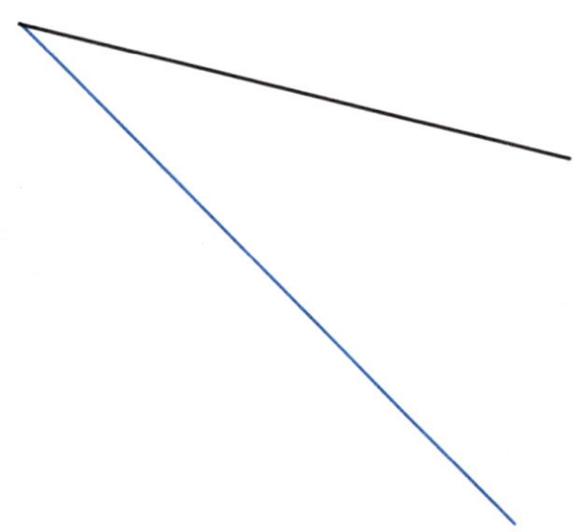

Argumentieren mit Vierecken

1. Ist jedes Quadrat ein Rechteck?

Beim Beantworten solcher Fragen kannst du in drei Schritten vorgehen. Kreuze wahre Aussagen an.

I. Bejahen oder Verneinen	☐ Ja, jedes Quadrat ist ein Rechteck. ☐ Nein, nicht jedes Quadrat ist ein Rechteck.
II. Eigenschaften nennen	Jedes Rechteck hat folgende Eigenschaften: ☐ Es hat vier rechte Winkel. ☐ Die gegenüberliegenden Seiten sind gleich lang. ☐ Die gegenüberliegenden Seiten sind parallel. ☐ Die Diagonalen halbieren sich gegenseitig. ☐ Die Diagonalen verlaufen senkrecht zueinander.
III. Eigenschaften prüfen	☐ Alle diese Eigenschaften hat das Quadrat auch, also ist jedes Quadrat ein Rechteck. ☐ Das Quadrat ist kein Rechteck, denn es hat diese Eigenschaft nicht: ____________________

2. Ist jedes Rechteck eine Raute?

Beantworte die Frage. Begründe deine Antwort, indem du der Anleitung folgst.

I. Bejahen oder Verneinen	*Nein, nicht* ____________________
II. Eigenschaften nennen	Jede Raute hat folgende Eigenschaften: ☐ Es hat vier gleich lange Seiten. ☐ Es hat vier rechte Winkel. ☐ Die gegenüberliegenden Seiten sind parallel. ☐ Die Diagonalen halbieren sich gegenseitig. ☐ Die Diagonalen verlaufen senkrecht zueinander.
III. Eigenschaften prüfen	____________________ ____________________ ____________________

3. Beantworte die Frage und begründe.

Ist jedes Parallelogramm ein Drachen?

☐ Ja, jedes Parallelogramm ist ein Drachen.

☐ Nein, nicht jedes Parallelogramm ist ein Drachen.

____

____

____

____

____

Körper erkennen und beschreiben

1. Welche geometrischen Körper erkennst du? Schreibe ihre Namen auf.

A
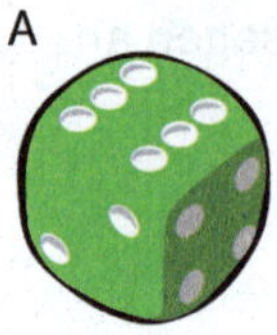

B

C

D

E

F
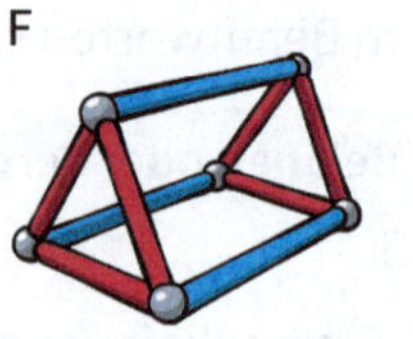

A: ______________ B: ______________ C: ______________

D: ______________ E: ______________ F: ______________

2. Fülle die Tabelle aus. Trage die Anzahl der Ecken, Flächen und Kanten ein.

	Würfel	quadratische Pyramide	Dreiecks-prisma	Zylinder	Kegel	Kugel
Ecken						
gerade Kanten						
gebogene Kanten						
ebene Flächen						
gewölbte Flächen						

3. Welcher Körper ist es? Es können auch mehrere Körper sein.

a) *Ich habe*
- 12 Kanten,
- 8 Ecken und
- 6 rechteckige Flächen.

____

b) *Ich habe*
- 1 kreisförmige Fläche,
- 1 Spitze und
- 1 gekrümmte Fläche.

____

c) *Ich habe keine Ecken und keine geraden Kanten.*

____

4. Aus einem Stück Draht sollen die Kanten für das Modell eines Körpers abgeschnitten werden. Wie lang muss das ganze Drahtstück mindestens sein?

a) Für einen Quader mit den Kantenlängen 3 cm, 4 cm und 8 cm:

____

b) Für eine quadratische Pyramide mit der Grundkante 5 cm und der Seitenkante 8 cm:

____

Netze von Würfeln

1. Färbe die gegenüberliegenden Seiten des Würfels in der gleichen Farbe.

a)
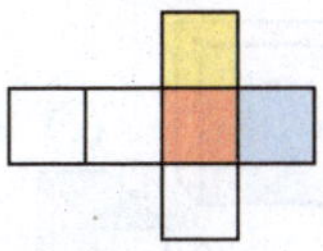

b)
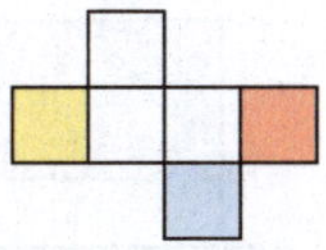

c)
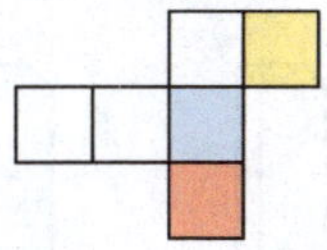

d)
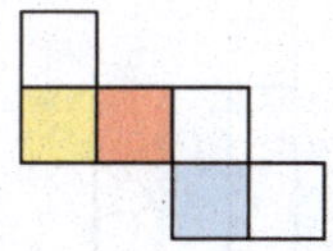

2. Welche der abgebildeten Figuren sind Würfelnetze? Kreuze an.

A
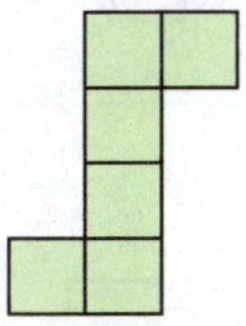
☐

B
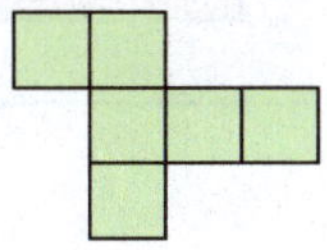
☐

C
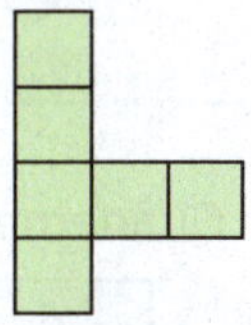
☐

D
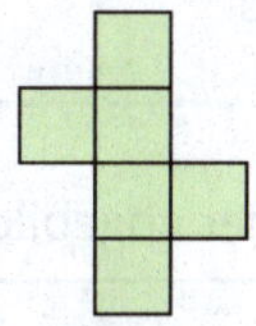
☐

3. Die Augenzahlen gegenüberliegender Flächen ergeben immer die Summe 7.
Kippe den Spielwürfel über die Felder. Zeichne die Zahlen ein, die jeweils oben liegen.

a)
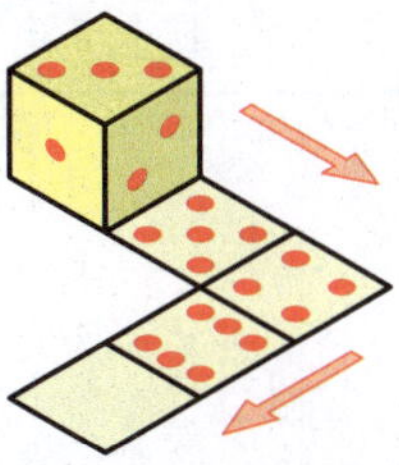

b)
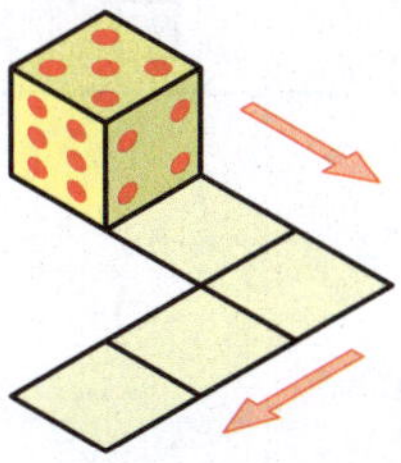

c)
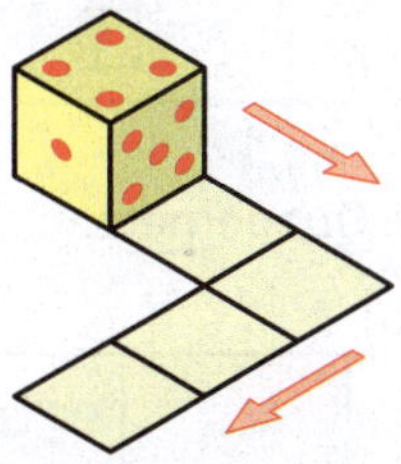

d)
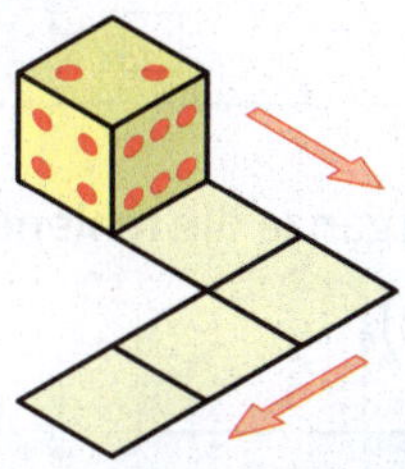

4. Auf vier Würfelflächen verläuft eine rote Linie. Zeichne jeweils die drei fehlenden roten Linien in das Netz ein.

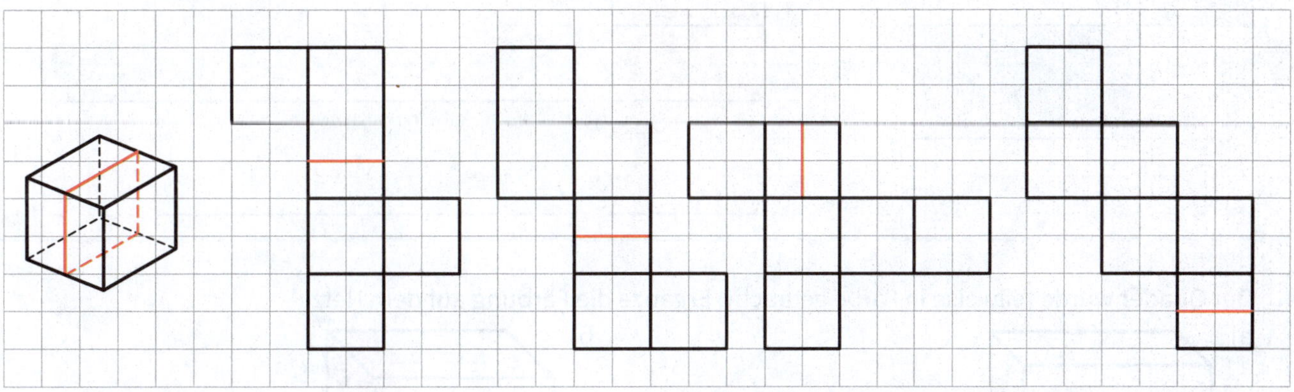

5. Berechne die Summe der Augenzahlen, die nicht sichtbar sind. Es gibt mehrere Lösungswege. Zeige zwei verschiedene.

Netze von Quadern

1. Welche Quader passen zum Netz? Kreuze an.

a)

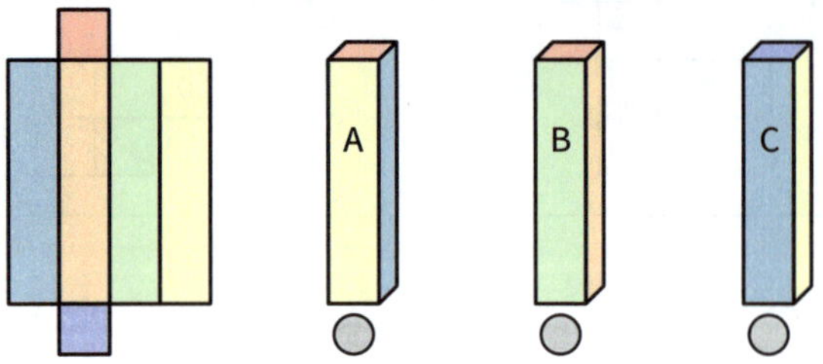

b)

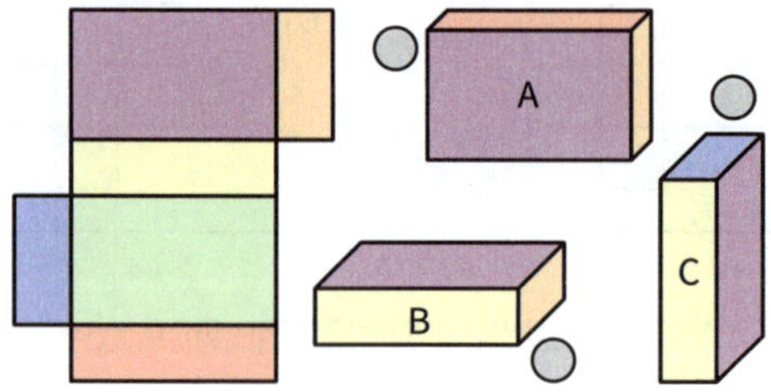

2. Welche der abgebildeten Figuren sind Quadernetze? Kreuze an.

a)

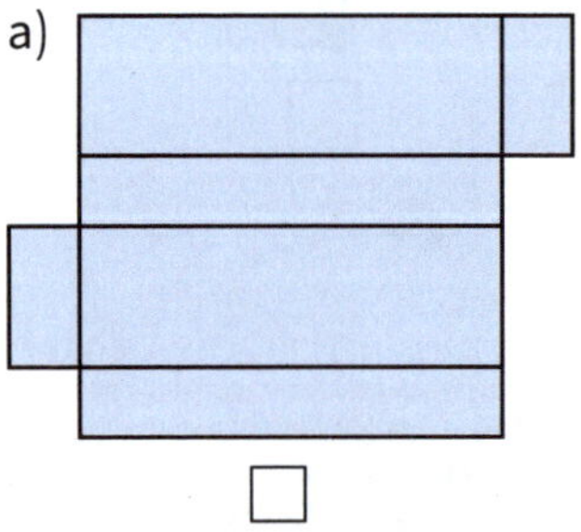

b)

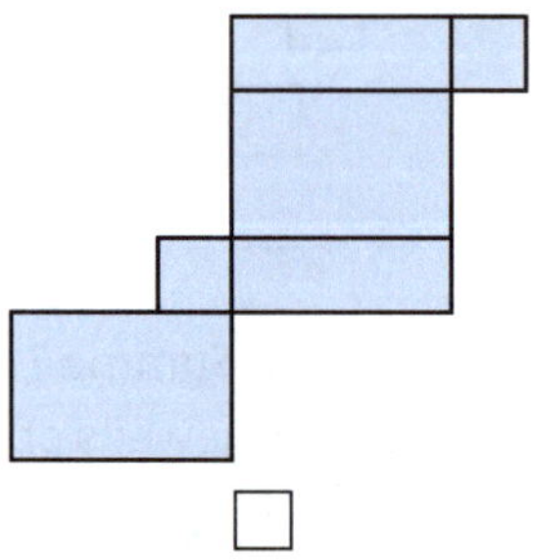

c)

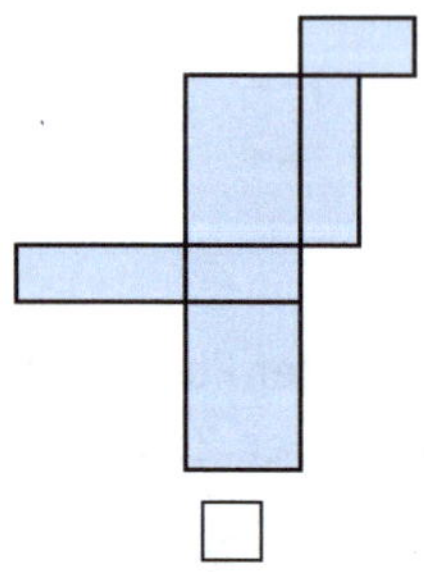

d)

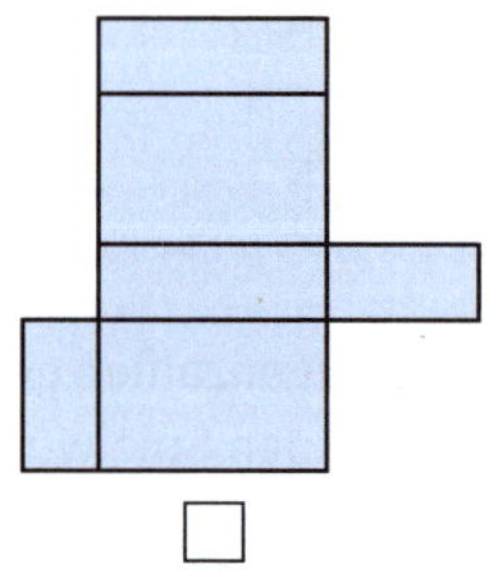

3. Ergänze die fehlende Fläche im Quadernetz.

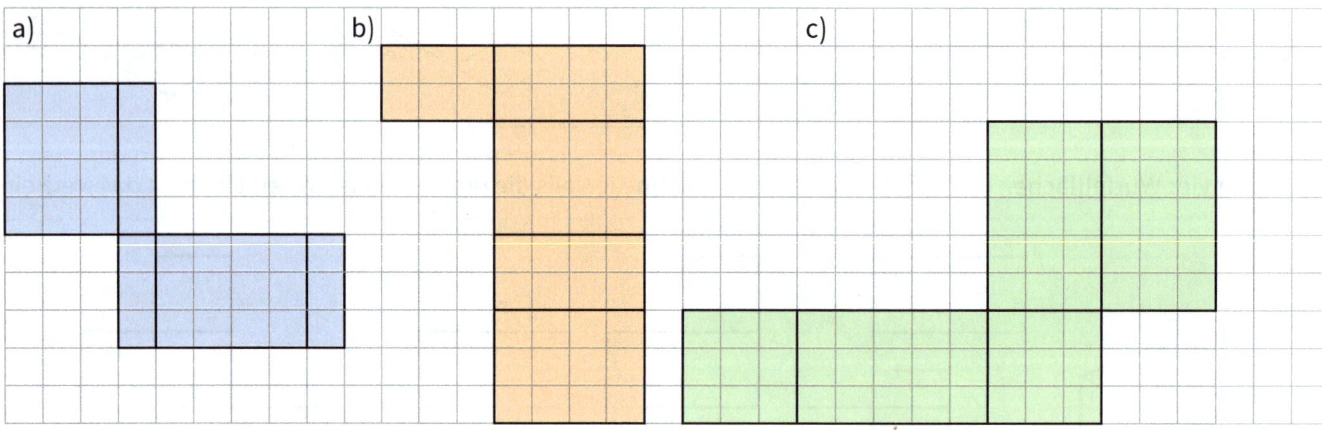

4. Der Quader wurde teilweise in Farbe getaucht. Ergänze die Färbung auf dem Netz.

a)

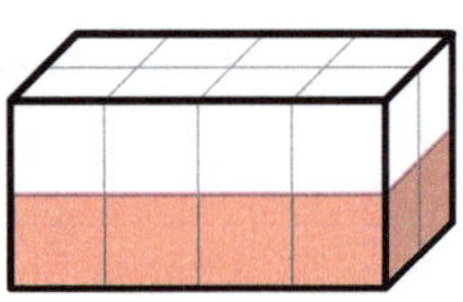

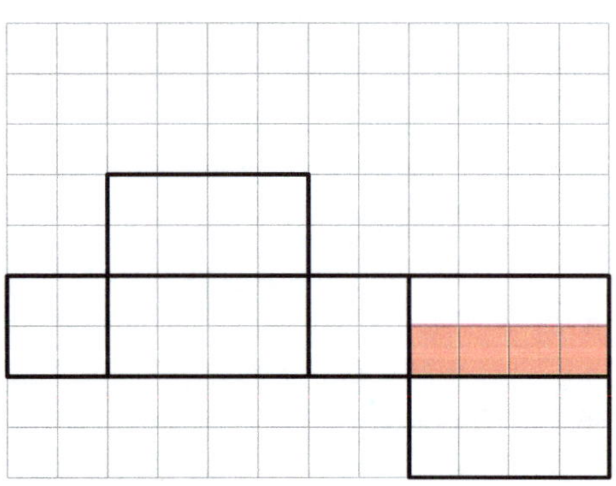

b)

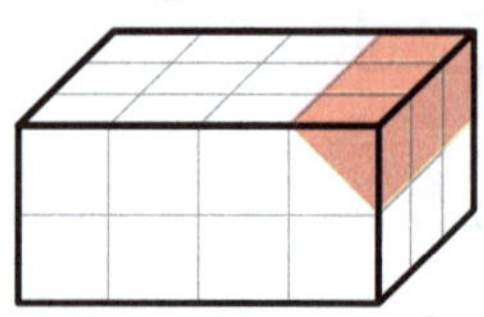

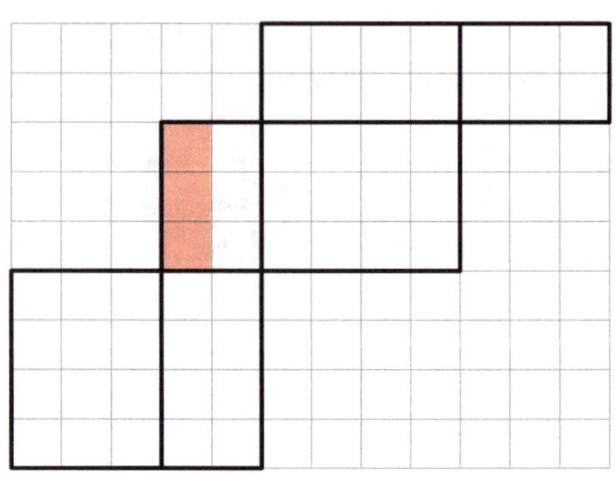

Schrägbilder

1. Vervollständige das angefangene Schrägbild des Quaders.

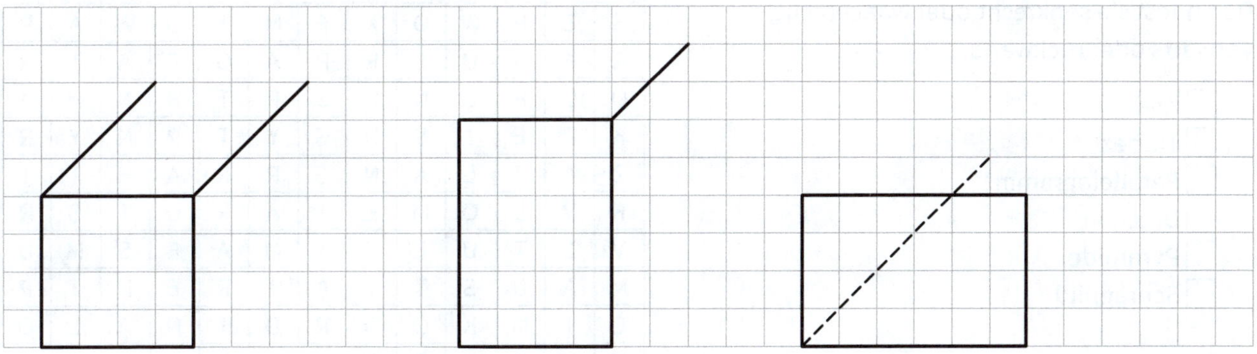

2. Zeichne das Schrägbild des Körpers. Zeichne nach hinten verlaufende Kanten quer durch die Kästchen mit halber Länge. a) Würfel mit a = 3 cm b) Quader mit a = 4 cm; b = 3 cm; c = 3,5 cm

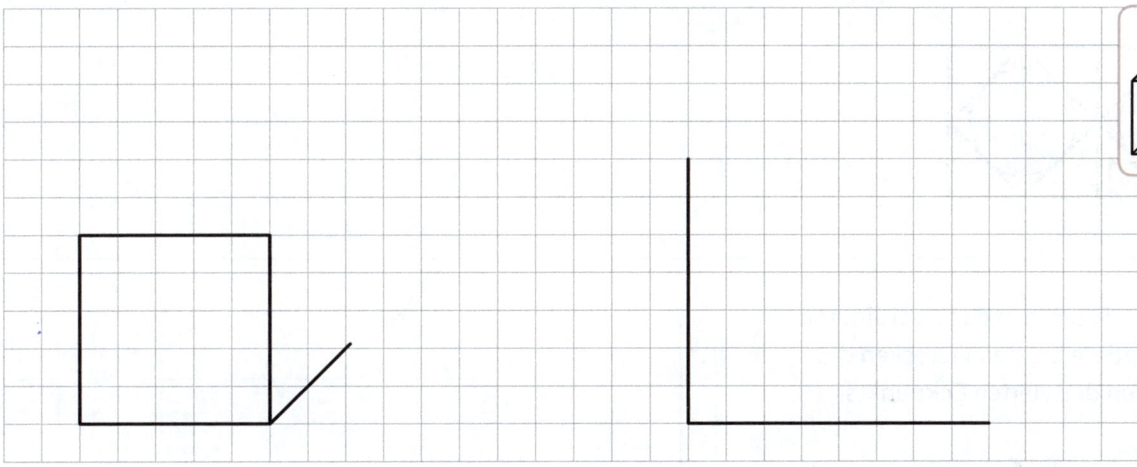

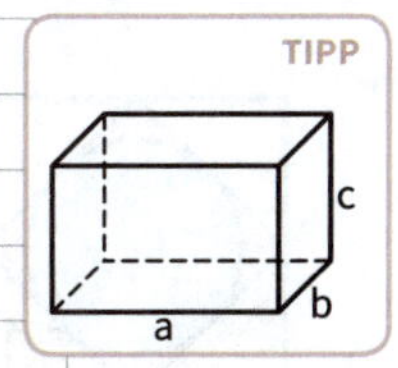

3. Zeichne ein passendes Schrägbild zum Quadernetz.

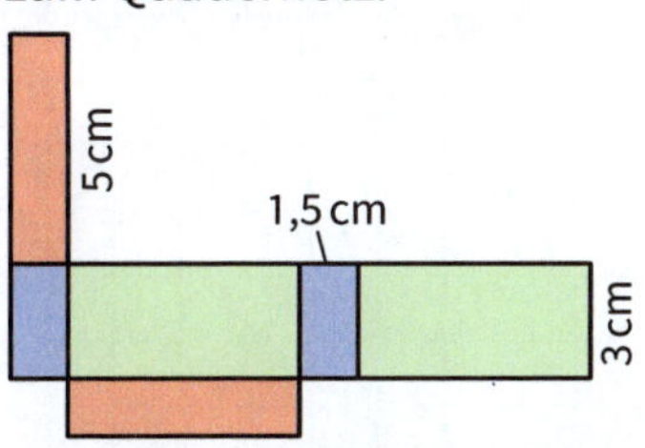

Netz nicht maßstäblich

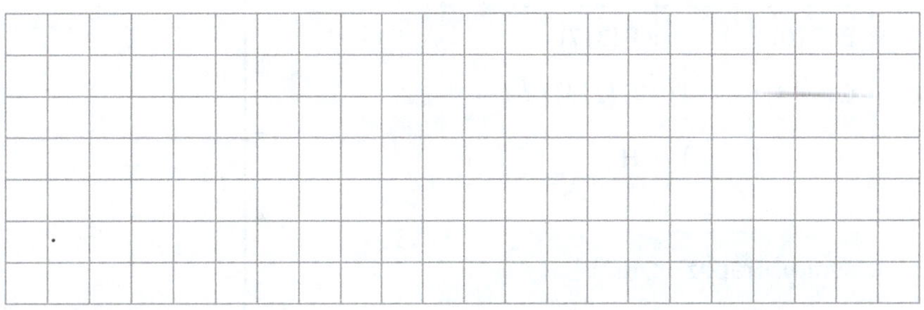

4. a) Zeichne ein Schrägbild des Quaders. Der Punkt A soll vorne links unten sein. Miss die benötigten Längen im Quadernetz.
b) Markiere den Punkt B in deinem Schrägbild und zeichne die richtigen Punktzahlen auf die Flächen.

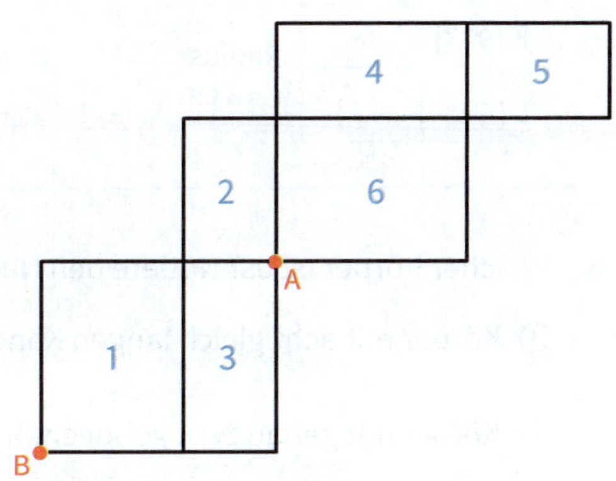

SB S. 61 – 63

Aufgabe 1 – 4

1. Finde die Begriffe der Geometrie und färbe sie. Du findest sie senkrecht oder waagerecht, vorwärts oder rückwärts.

- ☐ Kreis
- ☐ Trapez
- ☐ Parallelogramm
- ☐ Drachen
- ☐ Pyramide
- ☐ Schrägbild

E	D	T	U	S	C	H	R	Ä	G	B	I	L	D
S	E	R	W	O	X	F	M	I	O	W	A	R	R
R	E	A	U	F	R	R	A	G	F	A	I	R	A
O	D	P	G	N	R	S	P	T	H	N	H	A	C
K	R	E	I	S	U	G	Y	T	R	N	Y	R	H
Z	A	Z	L	Ä	N	G	R	R	A	H	T	I	E
K	V	L	O	M	E	T	A	R	U	T	S	N	N
V	L	T	U	L	E	T	M	A	E	S	M	U	O
M	A	U	S	T	T	A	I	R	E	H	I	R	A
C	I	M	K	O	O	R	D	I	N	A	L	O	K
M	M	A	R	G	O	L	E	L	L	A	R	A	P

2. Setze das Muster fort. Gestalte es farbig.

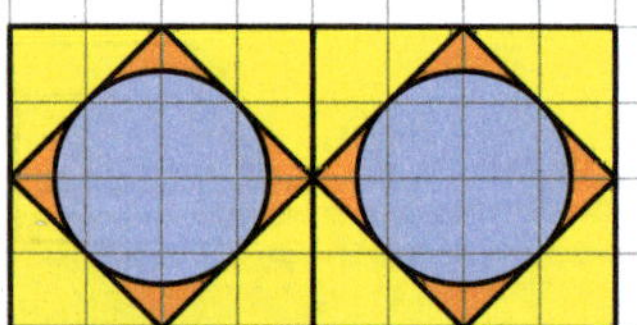

3. Zeichne die Figuren in das Koordinatensystem. Notiere bei den Vierecken die Koordinaten des vierten Eckpunkts.

Rechteck	Raute
A (0 | 0)	E (2 | 5)
B (3 | 0)	F (3 | 7)
C (3 | 4)	G (2 | 9)
D (____ | ____)	H (____ | ____)

symm. Trapez	Kreis
I (5 | 10)	Mittelpunkt M (7 | 3)
J (5 | 6)	
K (9 | 7)	Radius r = 3 cm
L (____ | ____)	

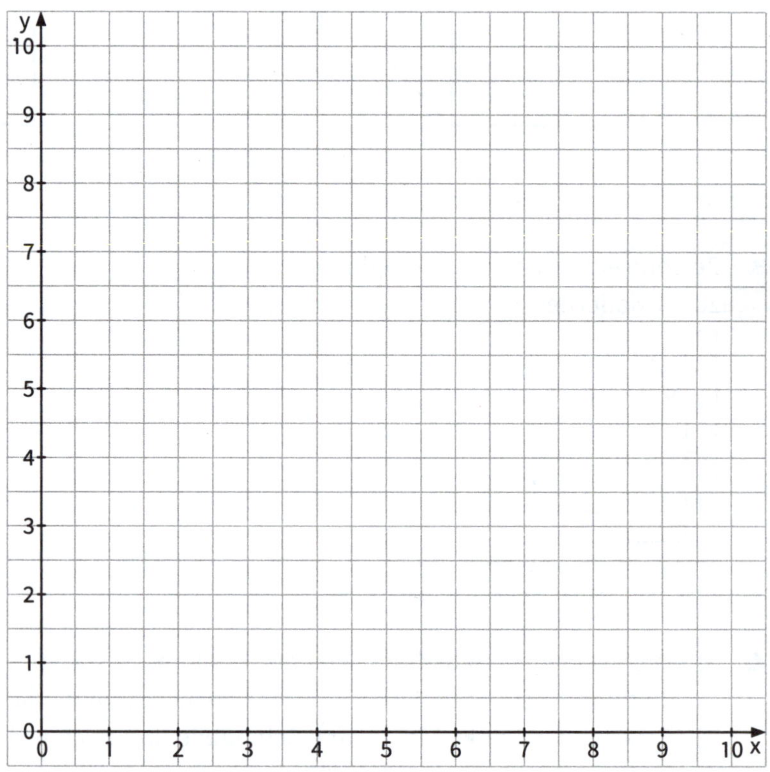

4. Welcher Körper ist es? Notiere den Namen.

① Körper mit acht gleich langen Kanten und fünf Ecken: ______________________

② Körper mit genau zwei gebogenen Kanten: ______________________

Aufgabe 5 – 7

5. a) Zeichne ein Trapez mit zwei gleich langen Seiten, das kein Parallelogramm ist.

b) Zeichne ein Viereck, das gleichzeitig Parallelogramm und Drachen, aber kein Quadrat ist.

6. Vervollständige die Sätze.

a) Jedes Rechteck ist ein Parallelogramm, weil

b) Nicht jede Raute ist ein Quadrat, weil

7. Welche Ecken treffen beim Falten auf einander? Färbe sie in derselben Farbe.

a)

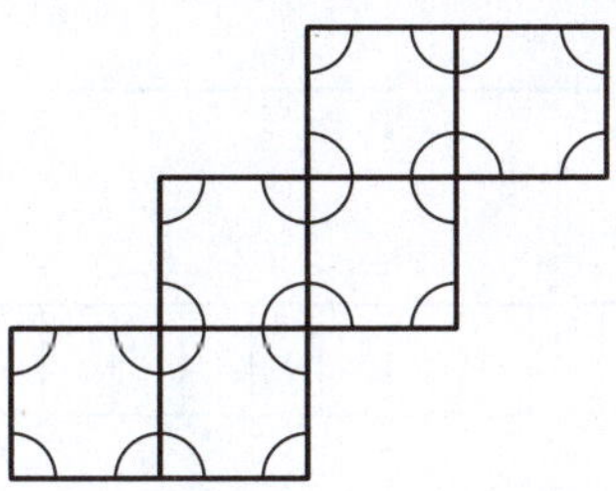

b)

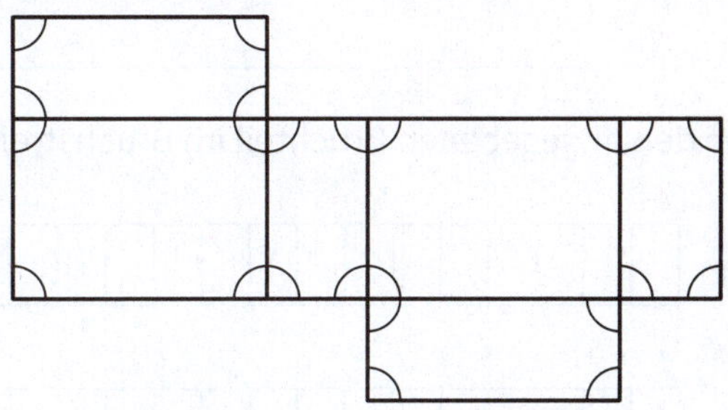

Aufgabe 8

8. Zu den Würfeln passen ein oder mehrere Netze. Verbinde durch Pfeile.

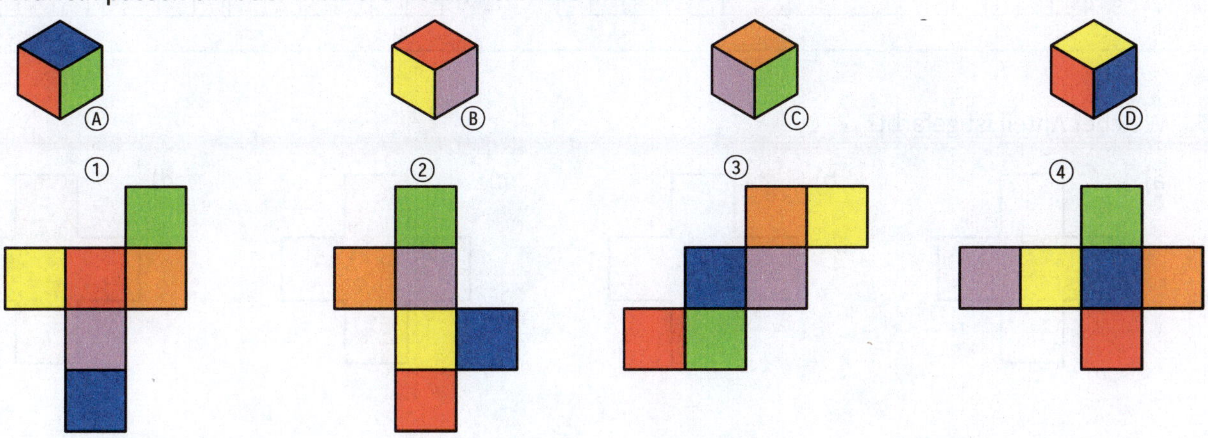

Brüche bestimmen und darstellen

1. Welcher Anteil ist gefärbt?

a) 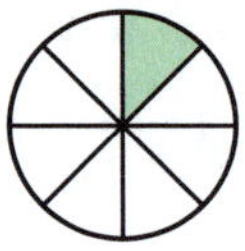 b) 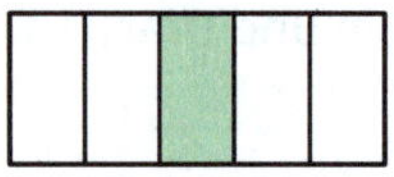 c) 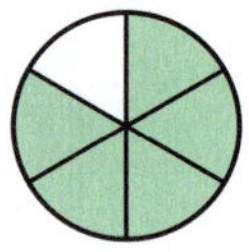 d) 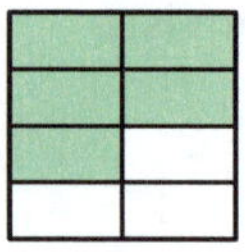 e) 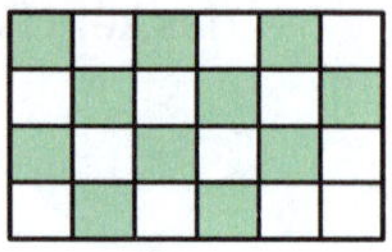

2. Färbe den angegebenen Bruchteil.

a) 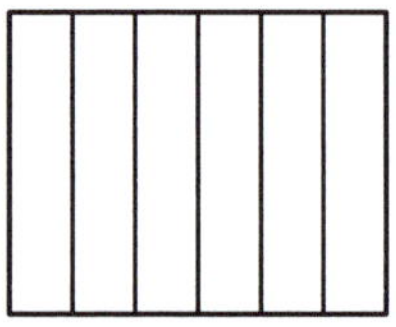 $\frac{5}{6}$

b) 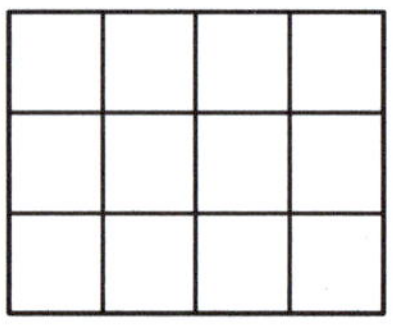 $\frac{7}{12}$

c) 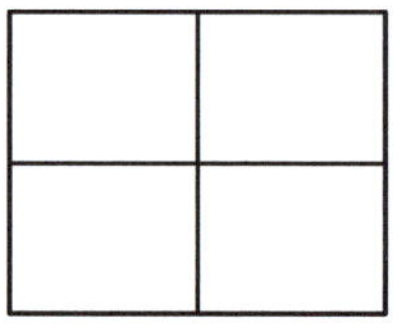 $\frac{3}{4}$

d) 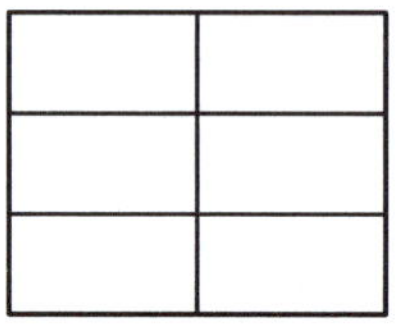 $\frac{1}{6}$

e) 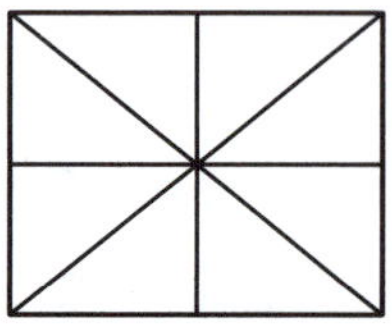 $\frac{5}{8}$

3. Unterteile das Rechteck geeignet und färbe den angegebenen Bruchteil.

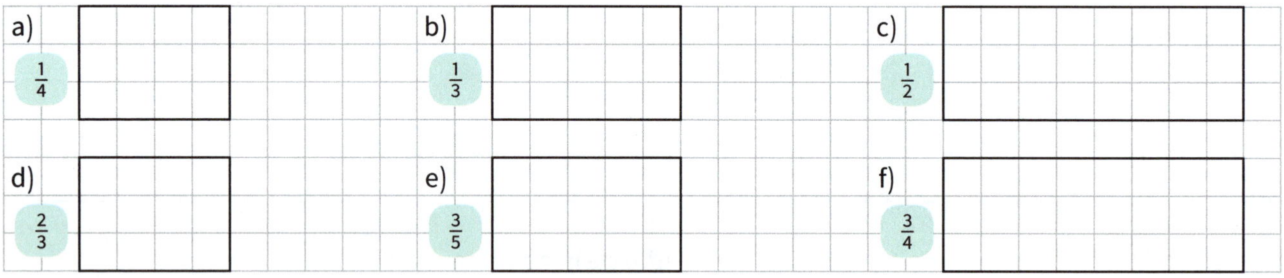

4. Färbe den angegebenen Bruchteil im Bruchstreifen.

a) $\frac{1}{2}$ 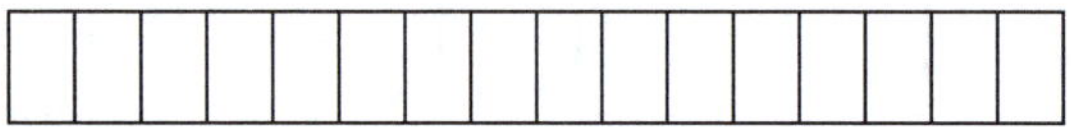

$\frac{1}{4}$ 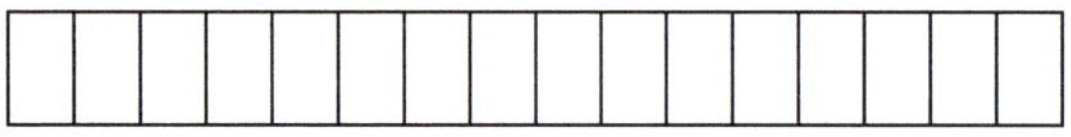

$\frac{1}{8}$ 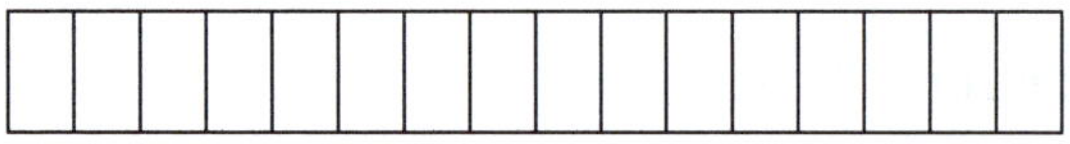

b) $\frac{2}{3}$ 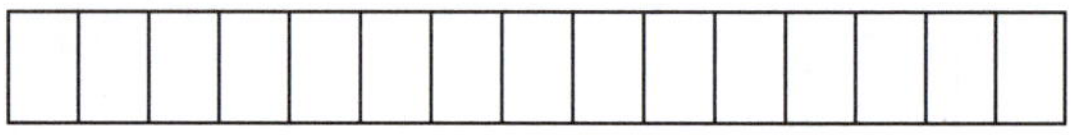

$\frac{3}{5}$ 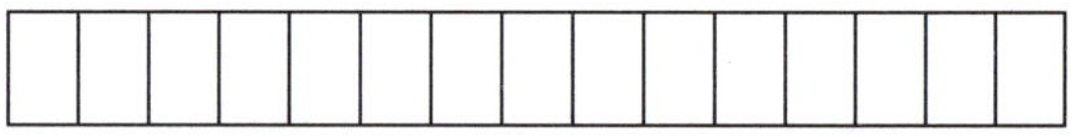

$\frac{7}{15}$ 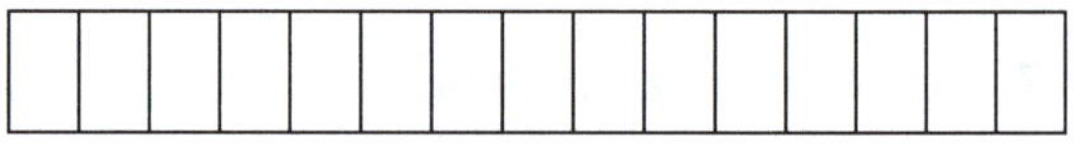

5. Welcher Anteil ist gefärbt?

a) 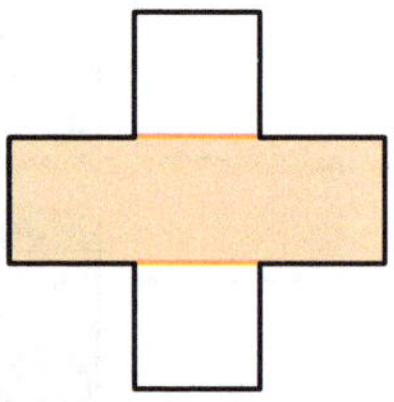 b) 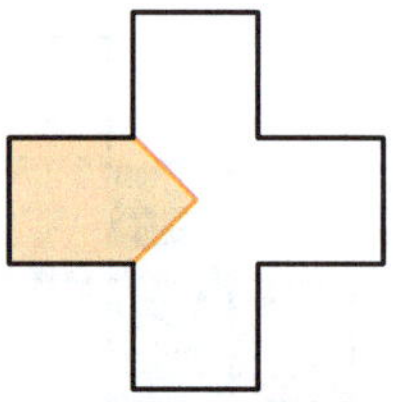 c) 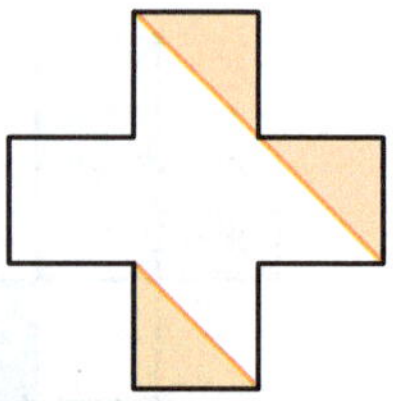 d) 

Bruchteile berechnen

1. Färbe und berechne.

a)

○○○○○ ○○○○○
○○○○○ ○○○○○
○○○○○ ○○○○○

$\frac{1}{5}$ von 15 = 15 : 5 = ______ $\frac{4}{5}$ von 15 = 3 · 4 = ______

b)

○○○○○○ ○○○○○○
○○○○○○ ○○○○○○
○○○○○○ ○○○○○○

$\frac{1}{3}$ von 18 = ______ = ______ $\frac{2}{3}$ von 18 = ______ = ______

2. Berechne den Bruchteil.

a) $\frac{1}{4}$ von 20 € = 20 € : 4 = ______ €
$\frac{3}{4}$ von 20 € = 5 € · 3 = ______ €

b) $\frac{1}{7}$ von 28 € = ______ = ______ €
$\frac{5}{7}$ von 28 € = ______ = ______ €

c) $\frac{1}{6}$ von 54 € = ______ = ______ €
$\frac{5}{6}$ von 54 € = ______ = ______ €

d) $\frac{1}{5}$ von 40 € = ______ = ______ €
$\frac{2}{5}$ von 40 € = ______ = ______ €

3. Beschrifte die Pfeile und berechne den Bruchteil.

a) 30 € —davon $\frac{5}{6}$→ ______; : 6 ↘ ______ ↗ · 5

b) 1 000 m —davon $\frac{3}{5}$→ ______; ______ ↘ ______ ↗ ______

c) 60 min —davon $\frac{7}{10}$→ ______; ______ ↘ ______ ↗ ______

d) 100 kg —davon $\frac{11}{20}$→ ______; ______ ↘ ______ ↗ ______

4. Luise klettert eine 4 m hohe Stange hinauf. $\frac{3}{5}$ der Höhe hat sie bereits geschafft. Welche Strecke ist noch übrig?

R: ______

A: ______

5. Gib den Bruchteil in der angegebenen Einheit an. Rechne im Kopf.

a) $\frac{1}{5}$ von 1 km = ______ m
b) $\frac{5}{12}$ von 1 h = ______ min
c) $\frac{9}{25}$ von 1 m = ______ cm
d) $\frac{3}{8}$ von 2 € = ______ ct
e) $\frac{3}{10}$ von 3 kg = ______ g
f) $\frac{5}{6}$ von 3 cm = ______ mm

Vom Bruchteil zum Ganzen

1. Abgebildet ist immer ein Teil eines ganzen Bruchstreifens. Ergänze den Teil zum Ganzen.

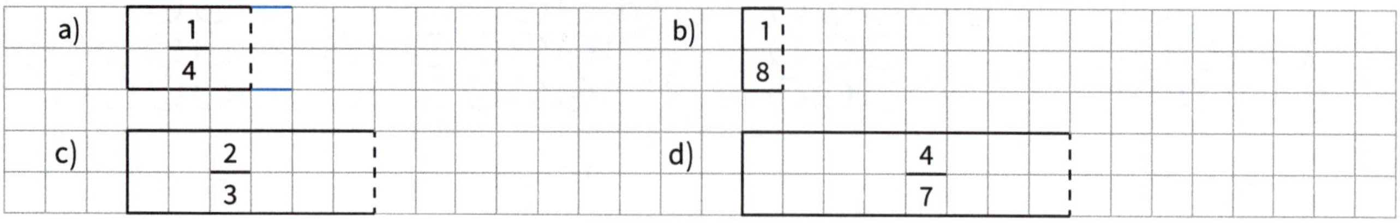

2. Berechne das Ganze.

a) $\frac{1}{5}$ des Ganzen sind 20 kg.
Das Ganze: $20\ kg \cdot 5 =$ ______

b) $\frac{1}{2}$ des Ganzen sind 15 €.
Das Ganze: ______

c) $\frac{1}{3}$ des Ganzen sind 120 ℓ.
Das Ganze: ______

d) $\frac{1}{4}$ des Ganzen sind 12 kg.
Das Ganze: ______

e) $\frac{1}{6}$ des Ganzen sind 11 €.
Das Ganze: ______

f) $\frac{1}{10}$ des Ganzen sind 37 ℓ.
Das Ganze: ______

3. Berechne das Ganze.

a) $\frac{2}{5}$ des Ganzen sind 10 cm.
$\frac{1}{5}$ des Ganzen $= 10\ cm : 2 =$ ______
$\frac{5}{5}$ des Ganzen $= 5\ cm \cdot 5 =$ ______

b) $\frac{3}{4}$ des Ganzen sind 18 €.
$\frac{1}{4}$ des Ganzen $=$ ______
$\frac{4}{4}$ des Ganzen $=$ ______

c) $\frac{3}{10}$ des Ganzen sind 27 €.
______
______

d) $\frac{4}{7}$ des Ganzen sind 100 km.
______
______

4. Hier fehlt das Ganze.

a) $\frac{1}{5}$ von ______ € = 0,60 €

b) $\frac{1}{4}$ von ______ € = 0,45 €

c) $\frac{1}{8}$ von ______ € = 0,05 €

d) $\frac{2}{3}$ von ______ € = 3,20 €

e) $\frac{5}{6}$ von ______ € = 12,50 €

f) $\frac{4}{9}$ von ______ € = 2,80 €

5. Karim und Livia backen Plätzchen. Die Hälfte der Plätzchen verzieren sie mit Schokostreuseln und ein Drittel mit Zuckerperlen. Die restlichen 12 Plätzchen bleiben ohne Verzierung. Wie viele Plätzchen haben die beiden insgesamt gebacken? Löse, indem du die verschiedenen Anteile im Bruchstreifen veranschaulichst.

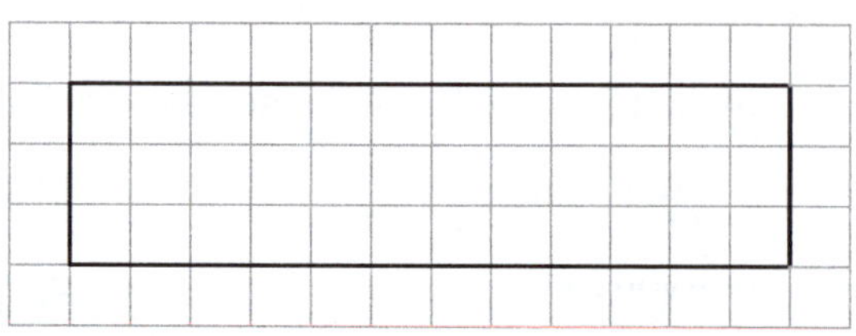

A: ______
______

Brüche größer als ein Ganzes

1. Schreibe als gemischte Zahl und als unechten Bruch.

a) 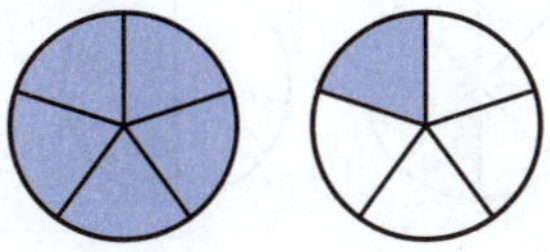

$\frac{6}{5} = 1$ ___

b) 

___ = ___

c) 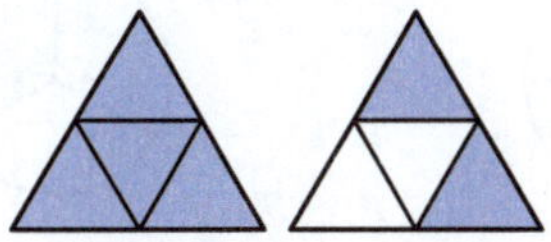

___ = ___

d) 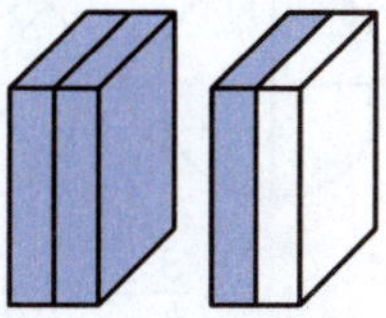

___ = ___

e) 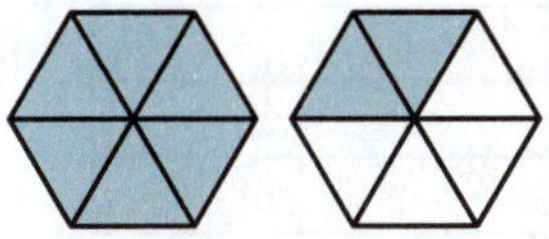

___ = ___

f) 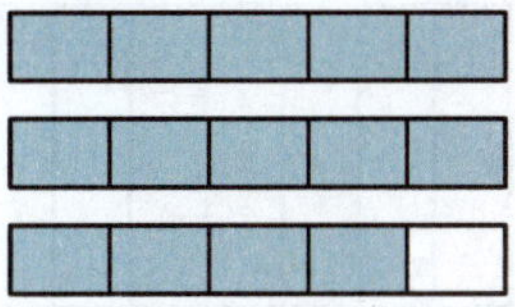

___ = ___

g) 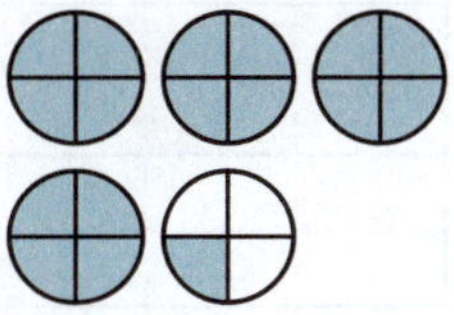

___ = ___

h) 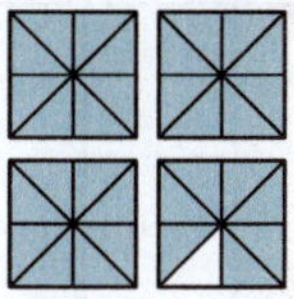

___ = ___

2. Färbe den angegebenen Bruchteil und schreibe als gemischte Zahl.

a) 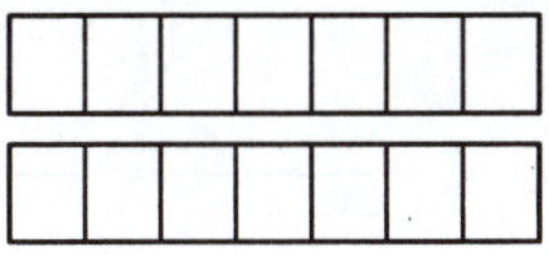

$\frac{8}{7} =$ ___

b) 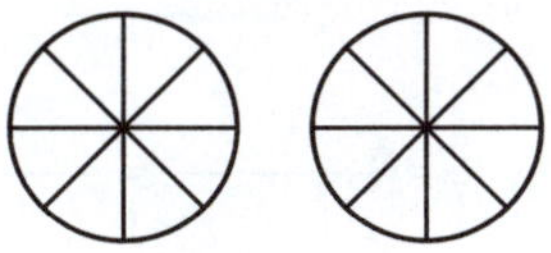

$\frac{13}{8} =$ ___

c) 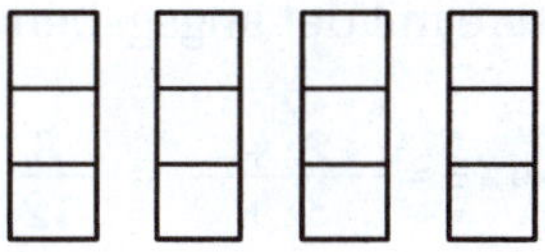

$\frac{11}{3} =$ ___

3. Wandle die gemischte Zahl in einen unechten Bruch um.

a) $1\frac{1}{3} =$ ___ b) $1\frac{1}{4} =$ ___ c) $1\frac{2}{7} =$ ___ d) $1\frac{5}{6} =$ ___

e) $2\frac{1}{5} =$ ___ f) $2\frac{3}{8} =$ ___ g) $3\frac{1}{2} =$ ___ h) $3\frac{4}{9} =$ ___

4. Wandle den unechten Bruch in eine gemischte Zahl um.

a) $\frac{7}{6} =$ ___ b) $\frac{7}{5} =$ ___ c) $\frac{11}{7} =$ ___ d) $\frac{5}{3} =$ ___

e) $\frac{5}{2} =$ ___ f) $\frac{7}{3} =$ ___ g) $\frac{11}{4} =$ ___ h) $\frac{18}{5} =$ ___

5. Gib in der angegebenen Einheit an.

a) $2\frac{3}{4}$ m = ___ cm b) $1\frac{1}{4}$ h = ___ min c) $2\frac{1}{2}$ Tage = ___ h d) $1\frac{4}{5}$ kg = ___ g

e) $4\frac{1}{2}$ ℓ = ___ mℓ f) $5\frac{2}{3}$ h = ___ min g) $3\frac{2}{5}$ km = ___ m h) $6\frac{1}{8}$ t = ___ kg

6. Berechne den Bruchteil und gib ihn als gemischte Zahl an.

a) $\frac{1}{5}$ von 6 Pizzas = ___

b) $\frac{1}{5}$ von $9\frac{1}{6}$ Pizzas = ___

Erweitern und Kürzen

1. Hier sind gleiche Bruchteile auf verschiedene Weise dargestellt.

a) 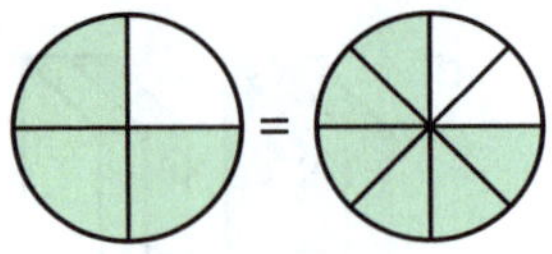

$\frac{3}{4} = \frac{\_\_}{8}$

b) 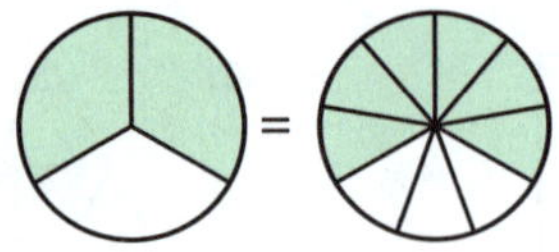

____ = ____

c) 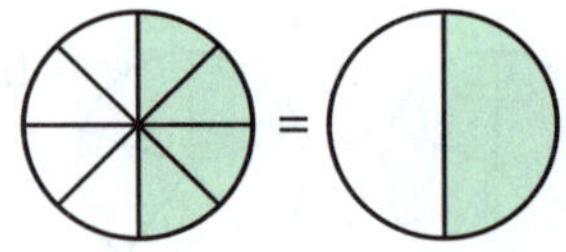

____ = ____

2. Erweitere, indem du die Unterteilungen verfeinerst. Wie heißt der erweiterte Bruch?

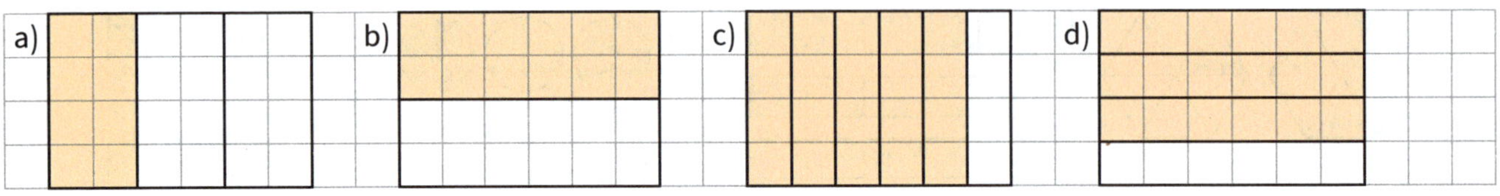

Erweitere mit 2. $\frac{1}{3} =$ ____

Erweitere mit 6. $\frac{1}{2} =$ ____

Erweitere mit 4. $\frac{5}{6} =$ ____

Erweitere mit 3. $\frac{3}{4} =$ ____

3. Erweitere mit der angegebenen Zahl.

a) mit 4: $\frac{2}{3} = \frac{2 \cdot 4}{3 \cdot 4} = \frac{8}{12}$; $\frac{5}{7} =$ ____ = ____; $\frac{4}{9} =$ ____ = ____

b) mit 5: $\frac{7}{9} =$ ____ = ____; $\frac{3}{4} =$ ____ = ____; $\frac{5}{6} =$ ____ = ____

c) mit 6: $\frac{1}{3} =$ ____ = ____; $\frac{7}{12} =$ ____ = ____; $\frac{8}{5} =$ ____ = ____

4. Kürze mit der angegebenen Zahl.

a) mit 3: $\frac{12}{15} = \frac{12:3}{15:3} = \frac{4}{5}$; $\frac{6}{9} =$ ____ = ____; $\frac{21}{24} =$ ____ = ____

b) mit 4: $\frac{8}{20} =$ ____ = ____; $\frac{16}{24} =$ ____ = ____; $\frac{12}{40} =$ ____ = ____

c) mit 6: $\frac{6}{12} =$ ____ = ____; $\frac{24}{36} =$ ____ = ____; $\frac{18}{72} =$ ____ = ____

5. Kürze so weit wie möglich.

a) $\frac{42}{63} = \frac{42:7}{63:7} = \frac{6:3}{9:3} =$ ____

b) $\frac{45}{75} =$ ____

c) $\frac{63}{105} =$ ____

d) $\frac{60}{144} =$ ____

e) $\frac{42}{98} =$ ____

f) $\frac{36}{108} =$ ____

6. Hier sind immer drei Brüche gleich.

$\frac{21}{56}$	$\frac{1}{4}$	$\frac{32}{48}$	$\frac{32}{56}$	$\frac{3}{8}$	$\frac{4}{16}$
$\frac{12}{48}$	$\frac{4}{6}$	$\frac{18}{48}$	$\frac{4}{7}$	$\frac{12}{18}$	$\frac{28}{49}$

____ = ____ = ____ ____ = ____ = ____

____ = ____ = ____ ____ = ____ = ____

Brüche vergleichen und ordnen

1. Von welchem Kuchen ist mehr übrig? Setze ein: < oder >.

a)

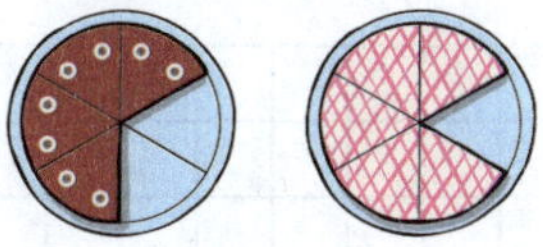

$\frac{\square}{6}$ ☐ $\frac{\square}{6}$

b)

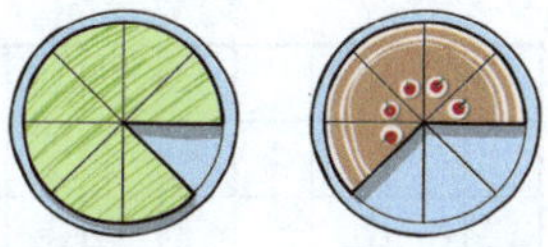

—— ☐ ——

c)

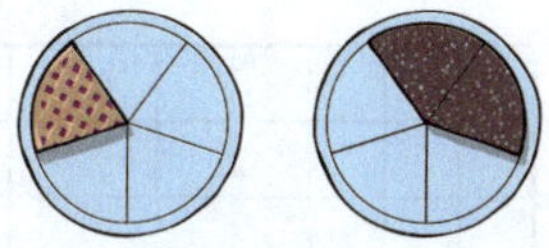

—— ☐ ——

2. Vergleiche die Brüche, indem du die Zähler vergleichst. Setze ein: < oder >.

a) $\frac{3}{7}$ ☐ $\frac{4}{7}$ b) $\frac{11}{15}$ ☐ $\frac{8}{15}$ c) $\frac{13}{9}$ ☐ $\frac{10}{9}$ d) $\frac{11}{12}$ ☐ $\frac{1}{12}$

3. Die Streifen sind gleich lang. Welcher Bruchteil ist gefärbt? Setze ein: < oder >.

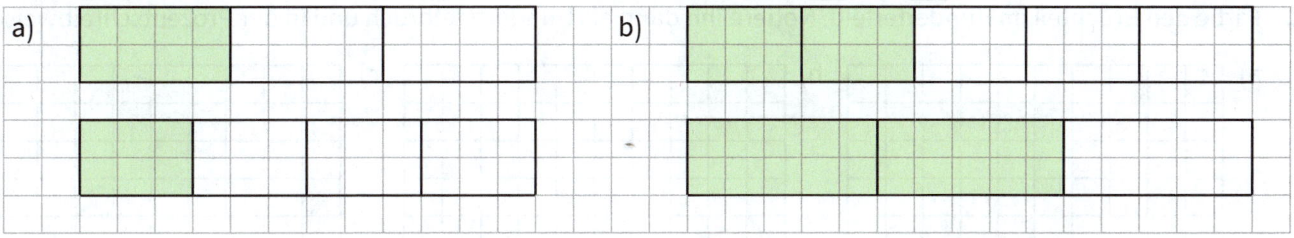

a) $\frac{\square}{3}$ ☐ $\frac{\square}{4}$ b) —— ☐ ——

4. Vergleiche die beiden Brüche, indem du den ersten Bruch erweiterst. Setze ein: < oder >.

a) $\frac{2}{3} = \frac{8}{12}$ > $\frac{7}{12}$ b) $\frac{3}{4} = \frac{\square}{20}$ ☐ $\frac{16}{20}$ c) $\frac{5}{7} = \frac{\square}{35}$ ☐ $\frac{23}{35}$ d) $\frac{3}{5} = \frac{\square}{15}$ ☐ $\frac{10}{15}$

e) $\frac{3}{8}$ = —— ☐ $\frac{7}{16}$ f) $\frac{4}{7}$ = —— ☐ $\frac{29}{42}$ g) $\frac{5}{12}$ = —— ☐ $\frac{13}{36}$ h) $\frac{7}{9}$ = —— ☐ $\frac{61}{81}$

5. Vergleiche die Brüche, indem du die Nenner vergleichst. Setze ein: < oder >.

a) $\frac{1}{9}$ ☐ $\frac{1}{6}$ b) $\frac{3}{7}$ ☐ $\frac{3}{8}$ c) $\frac{4}{9}$ ☐ $\frac{4}{11}$ d) $\frac{5}{4}$ ☐ $\frac{5}{3}$

6. Ordne nach der Größe, ohne die Brüche gleichnamig zu machen. Begründe.

a) $\frac{1}{2}$ $\frac{1}{5}$ $\frac{9}{10}$ $\frac{7}{4}$ $\frac{7}{4}$ > $\frac{9}{10}$ > —— > —— Begründung: *$\frac{7}{4}$ ist größer als 1. $\frac{9}{10}$ ist kleiner als 1 und größer als* ______

b) $\frac{8}{11}$ $\frac{6}{5}$ $\frac{8}{9}$ $\frac{5}{12}$ —— > —— > —— > —— Begründung: ______

______

c) $\frac{12}{13}$ $\frac{6}{3}$ $\frac{9}{4}$ $\frac{17}{15}$ —— > —— > —— > —— Begründung: ______

______

Prozentschreibweise

1. Welcher Anteil ist farblich markiert? Notiere als Hundertstelbruch und in der Prozentschreibweise.

a) 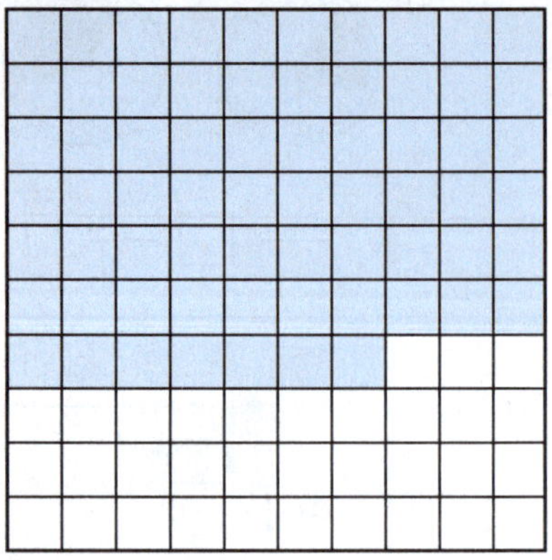

$\frac{}{100}$ = ____ %

b) 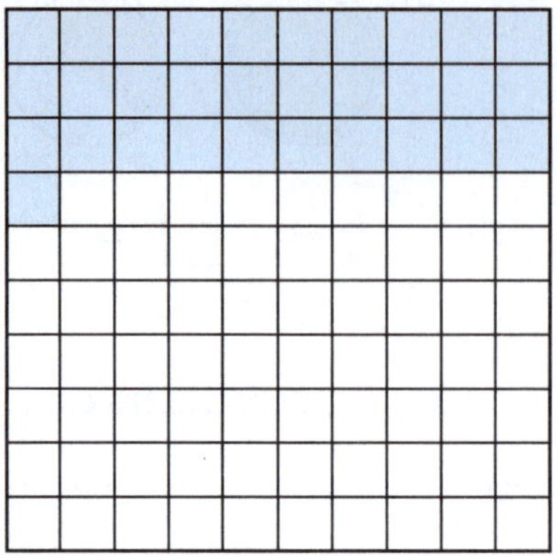

$\frac{}{100}$ = ____ %

c) 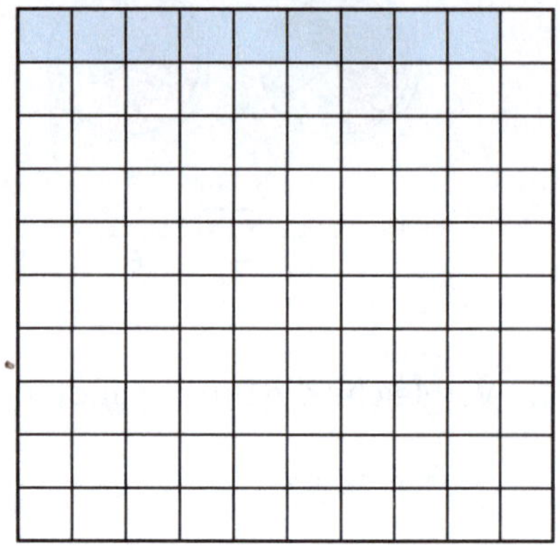

$\frac{}{100}$ = ____ %

2. Färbe den Bruchteil im Hunderterfeld. Notiere ihn dann als Hundertstelbruch und in der Prozentschreibweise.

a) 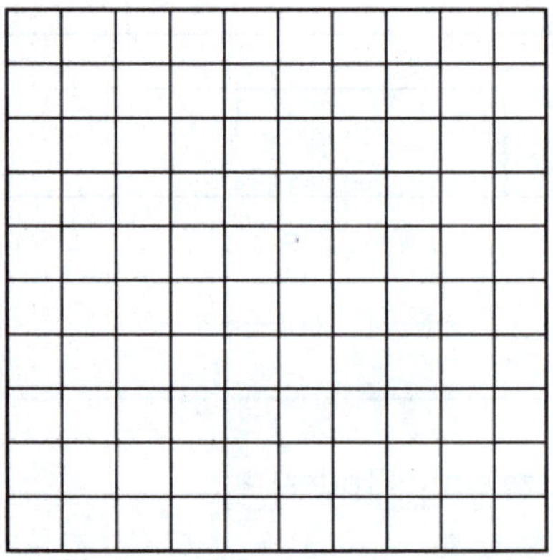

$\frac{1}{4} = \frac{}{100}$ = ____ %

b) 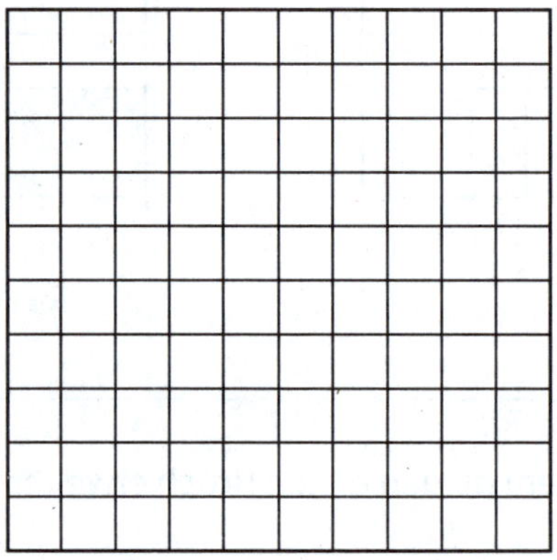

$\frac{3}{10} = \frac{}{100}$ = ____ %

c) 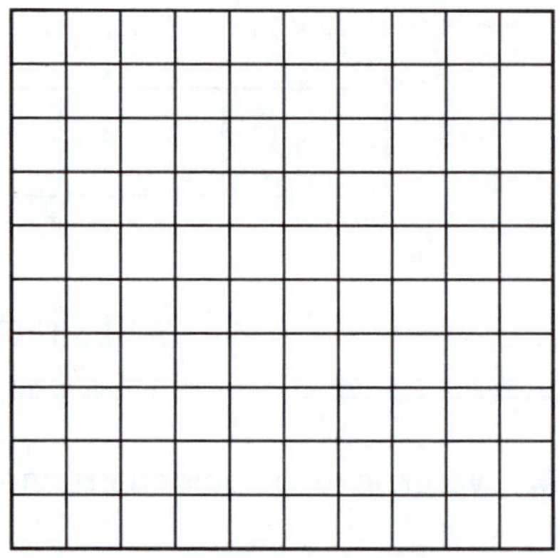

$\frac{3}{5} = \frac{}{100}$ = ____ %

3. Verbinde die Zahlen mit gleichem Wert.

a)

$\frac{1}{5}$	$\frac{70}{100}$	20 %
$\frac{7}{10}$	$\frac{75}{100}$	50 %
$\frac{1}{2}$	$\frac{20}{100}$	70 %
$\frac{3}{4}$	$\frac{50}{100}$	75 %

b)

$\frac{11}{20}$	$\frac{36}{100}$	40 %
$\frac{9}{25}$	$\frac{55}{100}$	36 %
$\frac{13}{50}$	$\frac{40}{100}$	26 %
$\frac{2}{5}$	$\frac{26}{100}$	55 %

4. Wandle den Bruch in die Prozentschreibweise um, indem du ihn auf Hundertstel erweiterst.

a) $\frac{9}{10} = \frac{}{100}$ = ____ %
b) $\frac{7}{20} = \frac{}{100}$ = ____ %
c) $\frac{4}{25} = \frac{}{100}$ = ____ %
d) $\frac{4}{5} = \frac{}{100}$ = ____ %
e) $\frac{41}{50} = \frac{}{100}$ = ____ %
f) $\frac{3}{4} = \frac{}{100}$ = ____ %

5. Kleiner, größer oder gleich? Setze ein: <, >, =.

a) $\frac{1}{25}$ ☐ 25 %
b) $\frac{7}{100}$ ☐ 10 %
c) $\frac{8}{25}$ ☐ 31 %
d) $\frac{1}{3}$ ☐ 30 %
e) $\frac{1}{6}$ ☐ 20 %
f) $\frac{1}{2}$ ☐ 50 %
g) $\frac{3}{20}$ ☐ 15 %
h) $\frac{3}{10}$ ☐ 4 %
i) $\frac{1}{4}$ ☐ 20 %
j) 1 ☐ 100 %

Dezimalzahlen

1. Trage die Preise auf den Schildern in die Stellenwerttafel ein.

① 14,25 €
② 152,03 €
③ 240 €
④ 79 ct
⑤ 1 € 8 ct

	H	Z	E	z	h
	100	10	1	10	1
①					
②					
③					
④					
⑤					

2. Schreibe die Zahlen aus der Stellenwerttafel als Summe und als Dezimalzahl.

① $53 + \frac{4}{100} + \frac{7}{1000} = 53{,}047$
② ______
③ ______
④ ______
⑤ ______

	10	1	$\frac{1}{10}$	$\frac{1}{100}$	$\frac{1}{1000}$
	Z	E	z	h	t
①	5	3	0	4	7
②		2	1	3	
③	1	4	0		5
④		9	8	0	4
⑤	2	6	0	7	

3. Trage die Brüche in die Stellenwerttafel ein und schreibe sie als Dezimalzahl.

① $\frac{7}{100}$
② $\frac{37}{100}$
③ $\frac{25}{10}$
④ $\frac{53}{1000}$
⑤ $\frac{723}{10}$

	Dezimalzahl
①	
②	
③	
④	
⑤	

	10	1	$\frac{1}{10}$	$\frac{1}{100}$	$\frac{1}{1000}$
	Z	E	z	h	t
①					
②					
③					
④					
⑤					

4. Schreibe als Dezimalzahl oder als Bruch.

a) $\frac{7}{10} = 0{,}7$ $\frac{12}{100}$ = ______ $\frac{295}{1000}$ = ______ $\frac{51}{1000}$ = ______ $\frac{3}{100}$ = ______ $\frac{105}{100}$ = ______

b) $0{,}51 = \frac{51}{100}$ 0,6 = ______ 0,04 = ______ 0,273 = ______ 0,014 = ______ 1,25 = ______

5. Verbinde die Dezimalzahlen mit den passenden Stellen auf dem Zahlenstrahl.

0,4 2,5 4,6 7,3 8,9 12,0 12,8

6. Welche Dezimalzahlen sind dargestellt?

a)
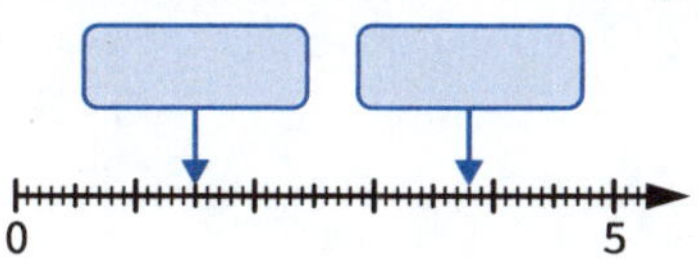

b)
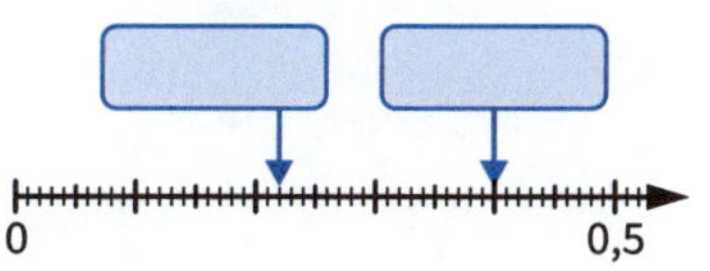

c)
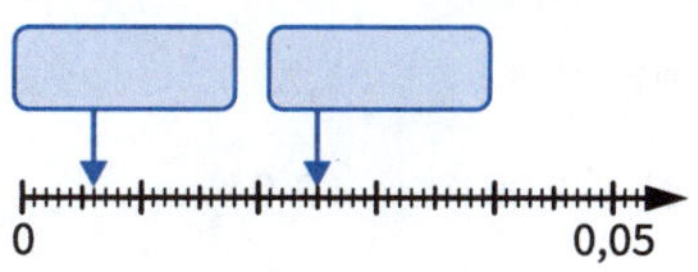

Dezimalzahlen vergleichen und ordnen

1. Zähle vorwärts oder rückwärts und beschrifte den Zahlenstrahl.

a)
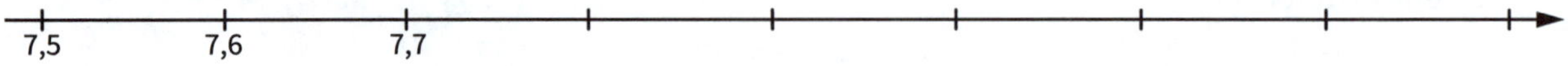

b)
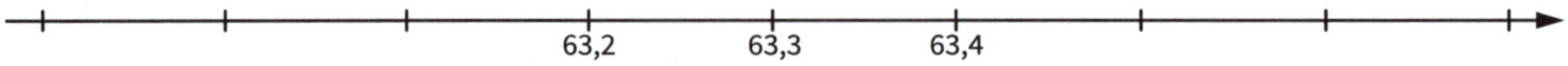

c)
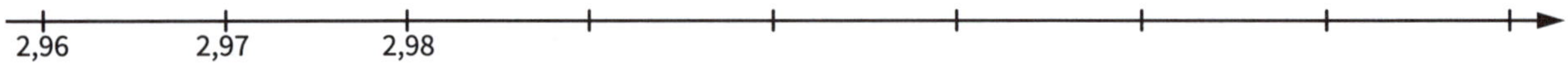

d)
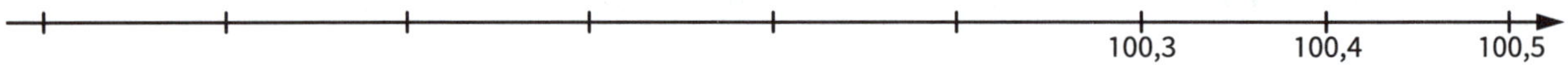

2. Ordne die Preise und Längen nach ihrer Größe. Beginne mit der kleinsten Angabe.

a) Preise

4,28 €	14,01 €	0,98 €
5 €	4,82 €	4,70 €

_____ < _____ < _____ < _____ < _____ < _____

b) Längen

2,45 m	2,05 m	2,345 m
2,5 m	2,54 m	0,25 m

_____ < _____ < _____ < _____ < _____ < _____

3. Kleiner, größer oder gleich? Setze ein: $<$, $>$, $=$.

a) 14,04 ☐ 14,4 b) 0,304 ☐ 0,403 c) 100,2 ☐ 100,02 d) 58,1 ☐ 58,12

e) 3,612 ☐ 3,126 f) 41,23 ☐ 41,230 g) 0,2 ☐ 0,199 h) 7,02 ☐ 7,123

4. Wo ungefähr liegen diese Zahlen? Zeichne Pfeile ein.

a) 5,8 5,65 6,13 5,99 6,348
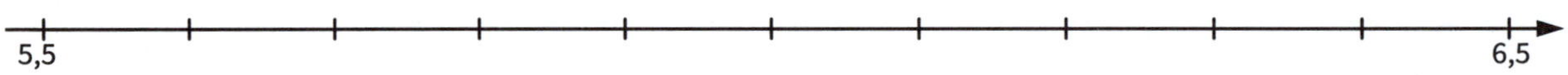

b) 3,93 3,905 3,952 3,99 3,977
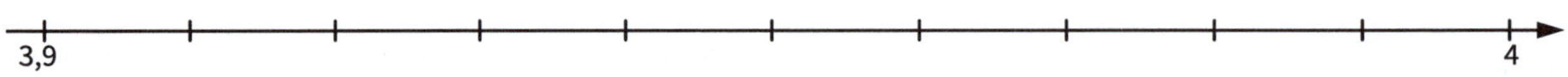

c) 2,7 5,09 4,501 8,94 9,2
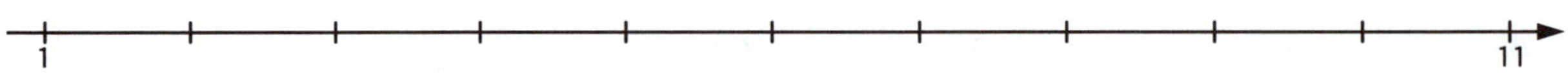

5. Gib fünf Zahlen an, die die vorgegebene Bedingung erfüllen.

a) $0{,}5 < \square < 0{,}6$ _______________

b) $1{,}3 < \square < 1{,}31$ _______________

c) $1{,}99 < \square < 2{,}01$ _______________

Dezimalzahlen runden

1. Runde auf ganze Euro.

a) 3,90 € ≈ ______ b) 5,49 € ≈ ______ c) 0,82 € ≈ ______ d) 9,90 € ≈ ______

e) 2,08 € ≈ ______ f) 23,51 € ≈ ______ g) 8,61 € ≈ ______ h) 13,11 € ≈ ______

2. a) Runde auf Ganze.

① 15,7 ≈ 16 ② 4,5 ≈ ______ ③ 8,51 ≈ ______ ④ 9,4 ≈ ______

⑤ 12,82 ≈ ______ ⑥ 7,38 ≈ ______ ⑦ 1,69 ≈ ______ ⑧ 19,62 ≈ ______

b) Runde auf Zehntel.

① 3,85 ≈ 3,9 ② 2,64 ≈ ______ ③ 0,88 ≈ ______ ④ 5,853 ≈ ______

⑤ 17,24 ≈ ______ ⑥ 9,337 ≈ ______ ⑦ 6,451 ≈ ______ ⑧ 7,96 ≈ ______

c) Runde auf Hundertstel.

① 6,374 ≈ 6,37 ② 9,846 ≈ ______ ③ 11,111 ≈ ______ ④ 1,466 ≈ ______

⑤ 0,028 ≈ ______ ⑥ 9,782 ≈ ______ ⑦ 61,007 ≈ ______ ⑧ 0,395 ≈ ______

3. Mache zuerst einen Überschlag. Runde dabei so, dass du im Kopf rechnen kannst. Rechne dann mit dem Taschenrechner oder Handy und vergleiche.

Aufgabe	a) 2,48 · 4,8	b) 0,87 · 17	c) 29,7 · 1,9	d) 5,21 · 9,2	e) 98,2 · 2,8	f) 8,7 · 61,2
Überschlag	2 · 5 = 10					
Ergebnis	11,904					

4. Je zwei Aufgaben haben dasselbe Ergebnis. Finde durch Überschlag (Ü) die Karten, die zusammenpassen, und färbe sie mit der gleichen Farbe.

9 · 24,2 Ü:	19 · 39,5 Ü:	33,86 · 12 Ü:	11 · 54,54 Ü:	145,56 · 6 Ü:
66,66 · 9 Ü:	6 · 67,72 Ü:	3 · 72,6 Ü:	150,1 · 5 Ü:	18 · 48,52 Ü:

5. Welches ist die größte, welches die kleinste Zahl mit drei Nachkommastellen, aus der durch Runden auf Zehntel 6,9 entsteht?

größte Zahl: ______ kleinste Zahl: ______

Aufgabe 1 – 6

1. Finde die Begriffe zu den Brüchen und zahlen und färbe sie. Du findest sie senkrecht oder waagerecht, vorwärts oder rückwärts.

- ☐ Bruch
- ☐ Anteil
- ☐ Nenner
- ☐ Halbe
- ☐ erweitern
- ☐ Hundertstel
- ☐ Prozent

H	U	N	D	E	R	T	S	T	E	L
Ä	E	E	W	R	X	F	M	I	A	I
R	E	N	U	W	R	R	A	G	R	E
R	D	N	G	E	R	S	H	T	T	T
E	X	E	I	I	H	V	A	S	C	N
F	A	R	L	T	N	G	L	R	R	A
K	V	L	O	E	E	T	B	R	U	T
V	L	T	P	R	O	Z	E	N	T	S
Z	Ö	A	T	N	Ü	L	T	R	E	H
C	I	M	K	O	O	R	Ä	I	N	A
H	C	U	R	B	S	R	E	B	Ü	L

2. Färbe jeweils den angegebenen Bruchteil.

a) $\frac{3}{4}$ b) $\frac{5}{6}$ c) $\frac{2}{3}$ d) $\frac{7}{12}$

3. Berechne den Bruchteil oder das Ganze.

a) 48 kg — davon $\frac{3}{4}$ → ______

b) 350 € — davon $\frac{4}{7}$ → ______

c) ______ — davon $\frac{2}{5}$ → 160 m

d) ______ — davon $\frac{5}{12}$ → 10 h

4. Finde durch Erweitern oder Kürzen heraus, ob der angegebene Bruch größer, kleiner oder gleich $\frac{15}{24}$ ist.

a) $\frac{2}{3} = \frac{}{24}$ ☐ $\frac{15}{24}$ b) $\frac{7}{12} =$ ___ ☐ $\frac{15}{24}$ c) $\frac{5}{6} =$ ___ ☐ $\frac{15}{24}$ d) $\frac{7}{8} =$ ___ ☐ $\frac{15}{24}$

e) $\frac{1}{2} =$ ___ ☐ $\frac{15}{24}$ f) $\frac{1}{4} =$ ___ ☐ $\frac{15}{24}$ g) $\frac{5}{8} =$ ___ ☐ $\frac{15}{24}$ h) $\frac{3}{4} =$ ___ ☐ $\frac{15}{24}$

5. Ergänze jeweils die fehlende Prozentschreibweise, Dezimalzahl oder den fehlenden Hundertstelbruch.

a) 5 % = $\frac{5}{100}$ = ______ b) ______ = $\frac{10}{100}$ = ______ c) 40 % = ___ = ______ d) ______ = $\frac{50}{100}$ = ______

e) 30 % = ___ = ______ f) ______ = ___ = 0,8 g) ______ = $\frac{25}{100}$ = ______ h) ______ = ___ = 0,75

6. a) Runde auf Zehntel: 3,136 ≈ ______ 4,1572 ≈ ______ 1,2993 ≈ ______

b) Runde auf Hundertstel: 3,136 ≈ ______ 4,1572 ≈ ______ 1,2993 ≈ ______

Aufgabe 7 – 11

7. a) Im Bruchstreifen ist die Verteilung von Wasser und festem Land auf der Erde dargestellt. Gib die Anteile als Bruch und in der Prozentschreibweise an.

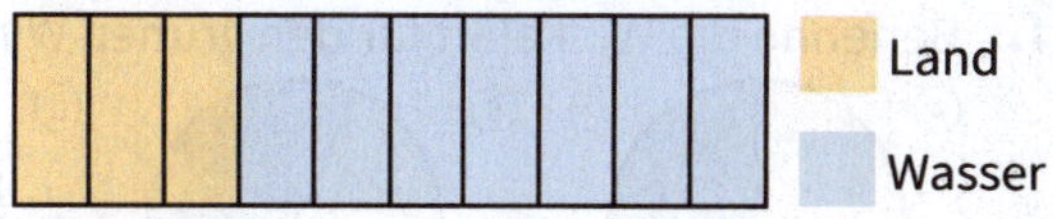

Land: —— = ______ %   Wasser: —— = ______ %

b) Insgesamt beträgt die Erdoberfläche etwa 500 Millionen km². Berechne die Landfläche und die Wasserfläche.

Landfläche: ______________________ km²

Wasserfläche: ______________________ km²

8. Die Figur stellt den darin angegebenen Bruchteil eines Rechtecks dar. Ergänze die Figur zum Ganzen.

a) 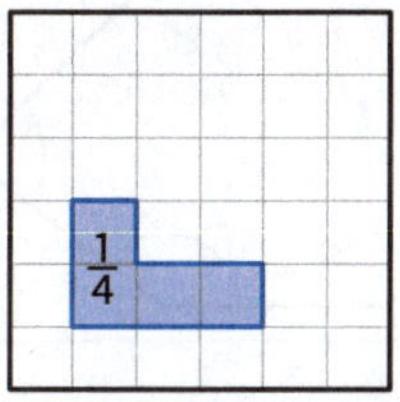

b) 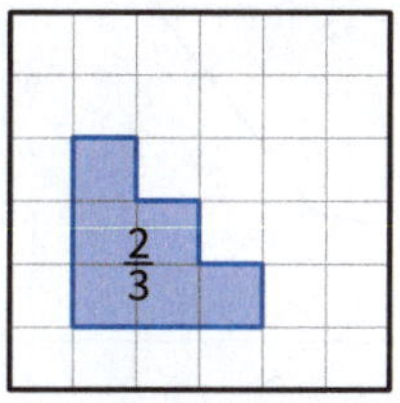

c) 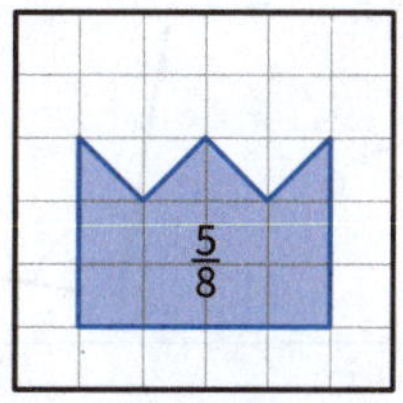

d) 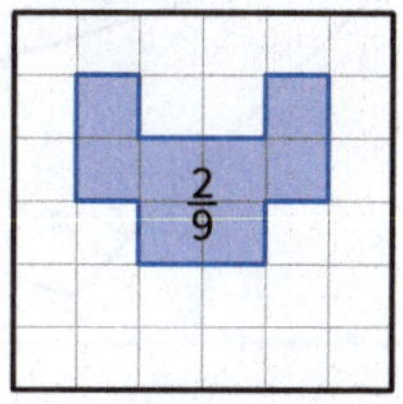

9. Ordne die Brüche der Größe nach. Beginne mit dem kleinsten Bruch. Die Buchstaben an den Luftballons ergeben ein Lösungswort.

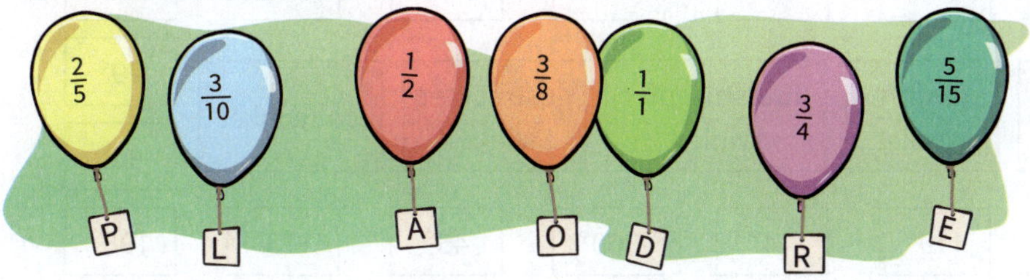

Lösungswort: ______________________

10. Welche Zahlen sind gleichwertig? Färbe die Figuren mit gleichem Wert in der gleichen Farbe.

11. Welche Zahl liegt genau in der Mitte? Beschrifte den Zahlenstrahl.

a) 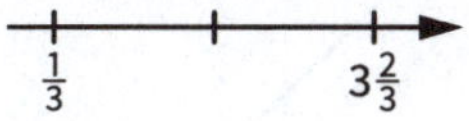

b) 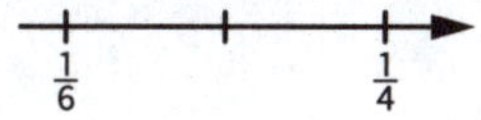

c) 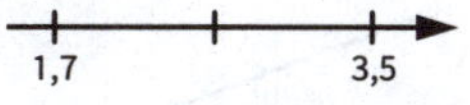

d) 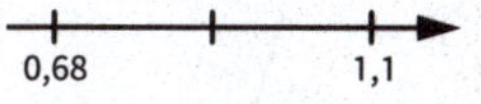

Aufgabe 12

12. Jede Quadratseite ist durch die gestrichelten Linien gedrittelt worden. Dadurch ist der abgebildete Stern entstanden. Welchen Bruchteil der Quadratfläche nimmt er ein? Begründe deine Antwort.

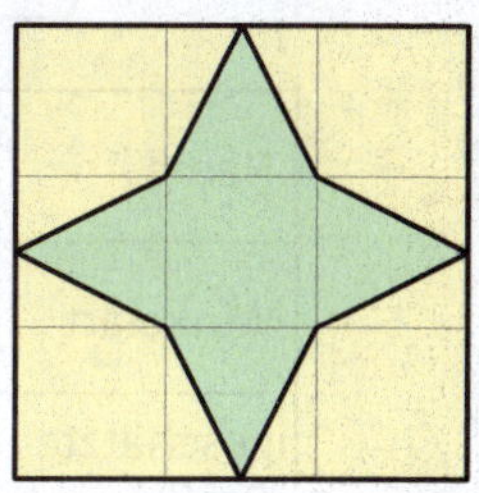

____

____

____

SB S. 106 – 107
Digital+
WES-128745-106

Winkel und Winkelarten

1. Benenne die Winkelart für den grünen Winkel. Verbinde mit einer Linie.

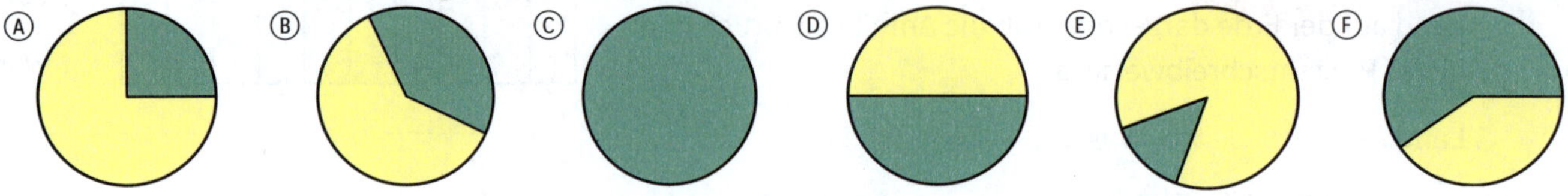

Vollwinkel	rechter Winkel	stumpfer Winkel	überstumpfer Winkel	gestreckter Winkel	spitzer Winkel

2. Färbe in der Figur spitze Winkel rot, rechte Winkel grün und stumpfe Winkel blau.

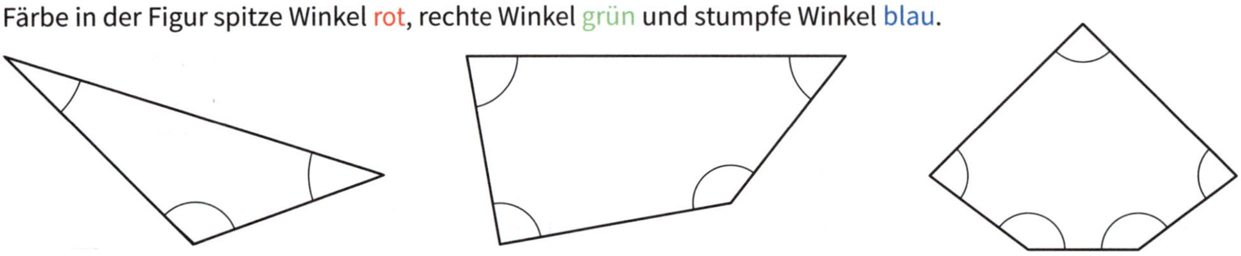

3. Färbe die Winkelgrößen in der Farbe der Winkelarten.

104°	180°	88°	348°	9°	153°	270°	21°	135°
230°	spitzer Winkel	rechter Winkel	stumpfer Winkel	überstumpfer Winkel	gestreckter Winkel	Vollwinkel		79°
92°								90°
56°	313°	90°	119°	14°	360°	45°	173°	198°

4. a) Ergänze den griechischen Buchstaben und die Winkelart in der Tabelle.
b) Schätze die Größe des Winkels.

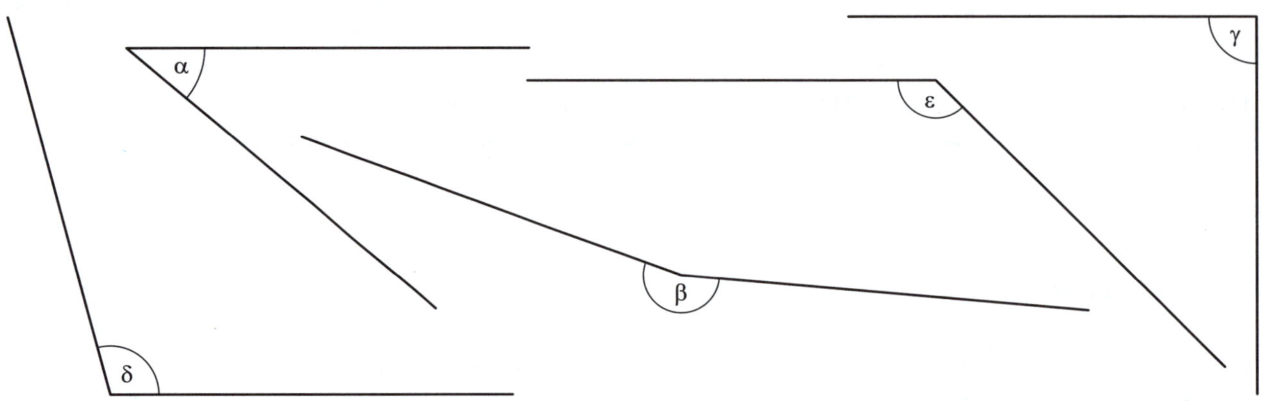

Name	α (alpha)	(beta)	(gamma)	(delta)	(epsilon)
Winkelart					
geschätzte Größe					

Digital+
WES-128745-108

SB S. 108 – 111

Winkel messen

1. Lies die Größen der Winkel ab und notiere sie.

a) $\alpha =$ ________ °   b) $\beta =$ ________ °   c) $\gamma =$ ________ °

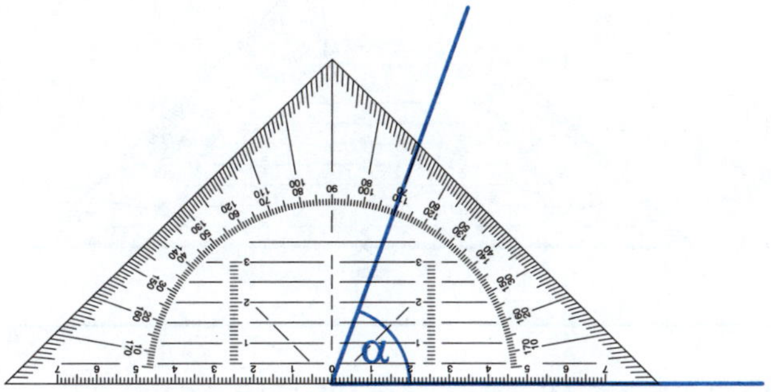

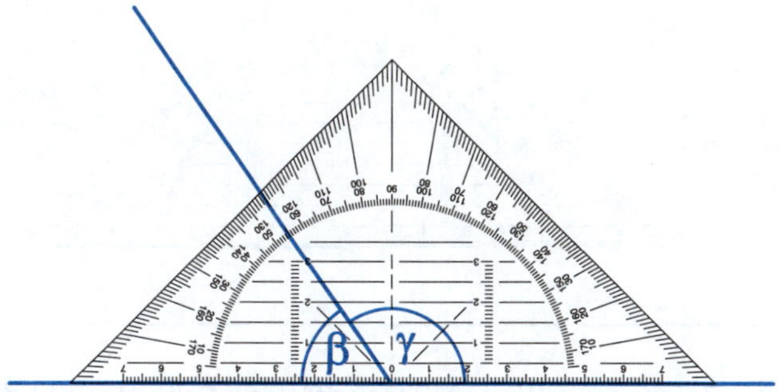

2. Miss die Größen der Winkel mit dem Geodreieck und notiere sie.

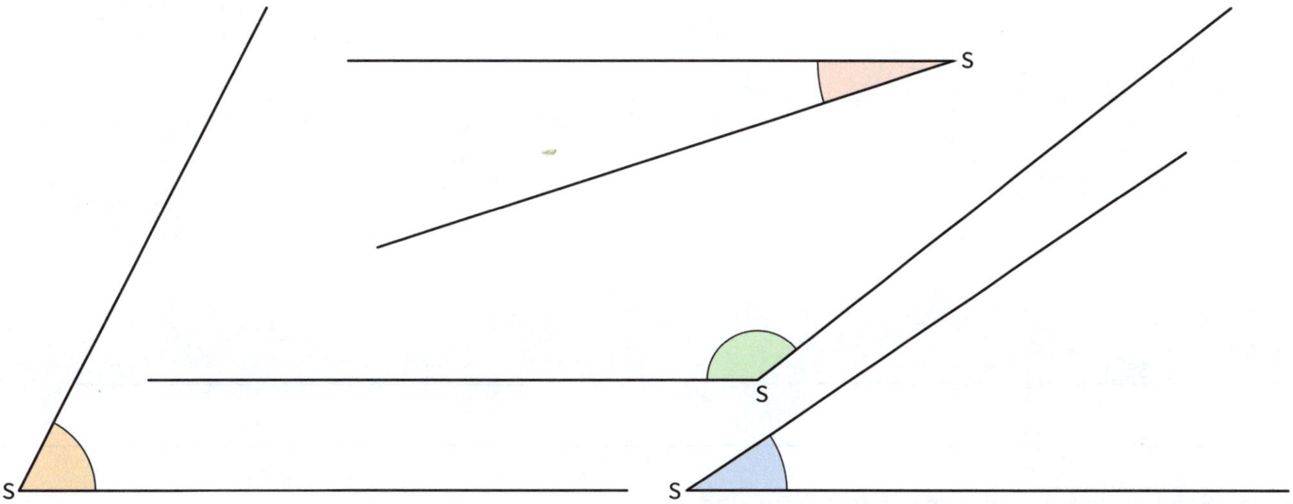

3. Miss alle Winkel in der Figur. Addiere dann die Winkelgrößen.

a)

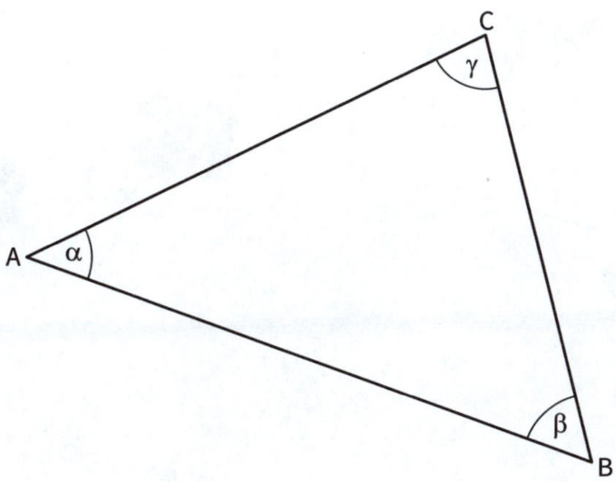

$\alpha + \beta + \gamma =$ ____________

b)

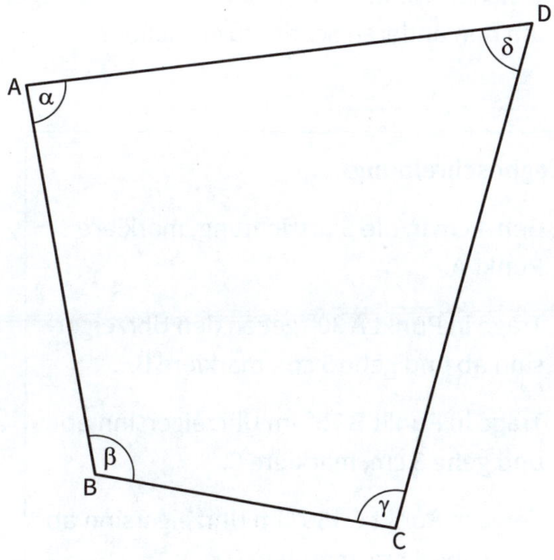

$\alpha + \beta + \gamma + \delta =$ ____________

Digital+
WES-128745-109

Winkel zeichnen

1. Zeichne den 2. Schenkel des Winkels.

a) $\alpha = 85°$

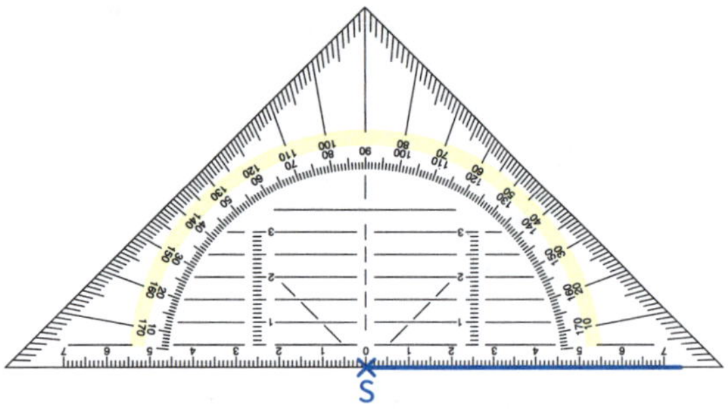

b) $\beta = 130°$

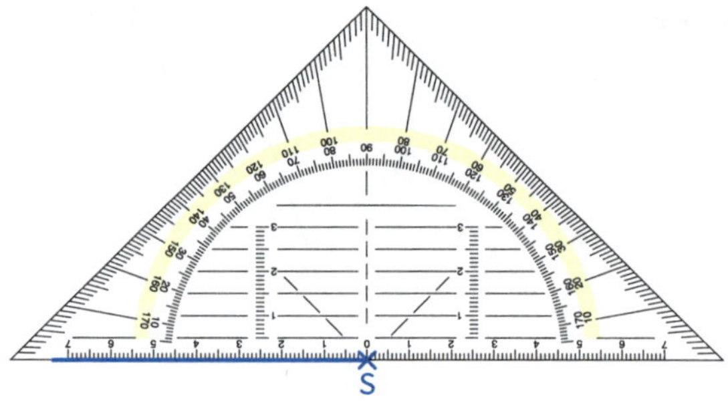

2. Zeichne die Winkel. Beschrifte den Schnittpunkt der Schenkel mit C. Miss dann den Winkel bei C.

a)

b)

3. a) Befolge die Anweisungen auf dem Zettel und zeichne den Weg. Welchen Schatz erreichst du?

____

b) Welchen Winkel musst du in Punkt D abtragen, um den anderen Schatz zu erreichen?

____

Wegbeschreibung

1. Geh 4 cm in die Startrichtung, markiere Punkt A.
2. Trage in Punkt A 30° gegen den Uhrzeigersinn ab und gehe 5 cm, markiere B.
3. Trage in Punkt B 75° im Uhrzeigersinn ab und gehe 3 cm, markiere C.
4. Trage in Punkt C 150° im Uhrzeigersinn ab und gehe 4 cm, markiere D.
5. Trage in Punkt D 107° im Uhrzeigersinn ab.

Digital+ WES-128745-112

SB S. 112–113

Beschriften von Dreiecken und Vierecken

1. Färbe die Bezeichnungen von Eckpunkten blau, von Seiten grün und von Winkeln orange.

Eckpunkte	Seiten	Winkel

a	B	δ	D	c	C	β	A	γ	d	α	b

2. Vervollständige die Beschriftung der Figur.

a)

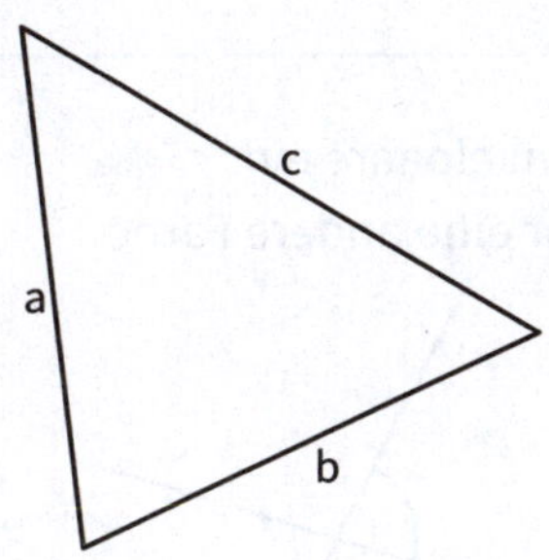

b)

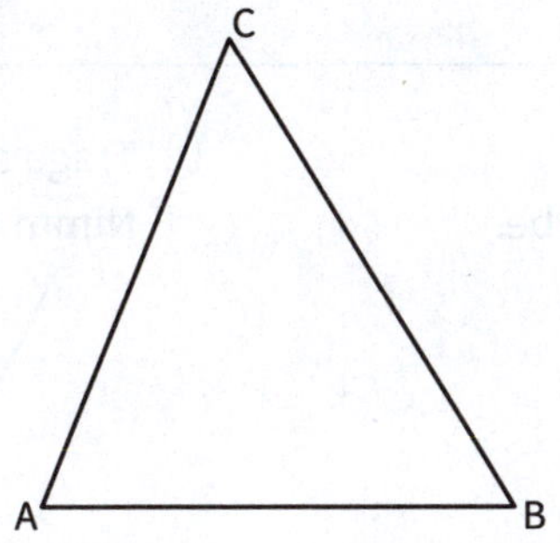

c)

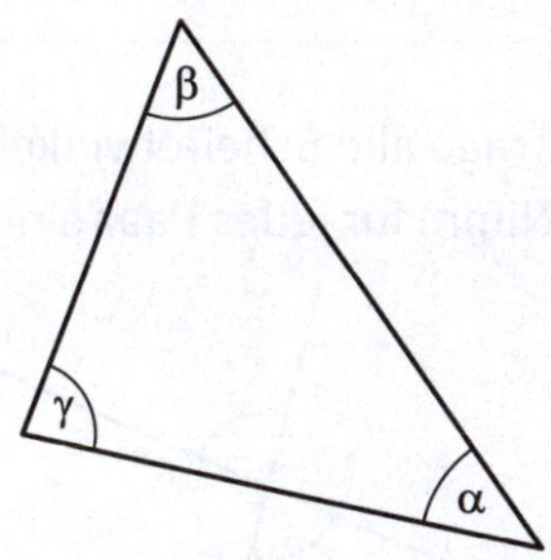

d)

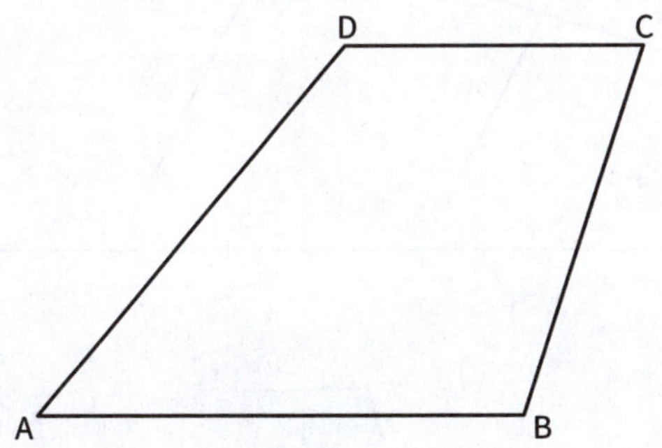

e)

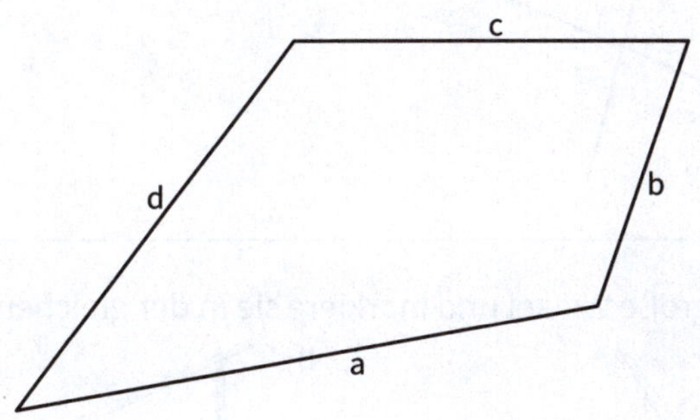

3. Korrigiere die Beschriftung der Figur wie im Beispiel.

a)

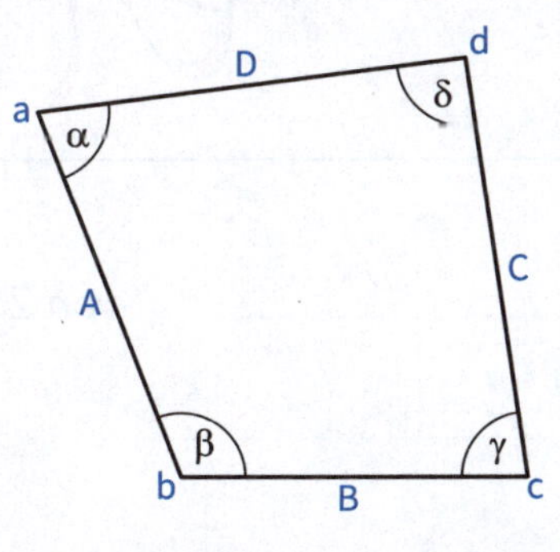

b)

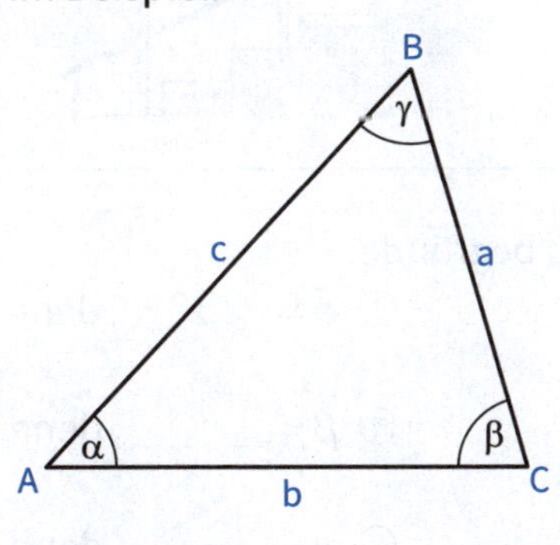

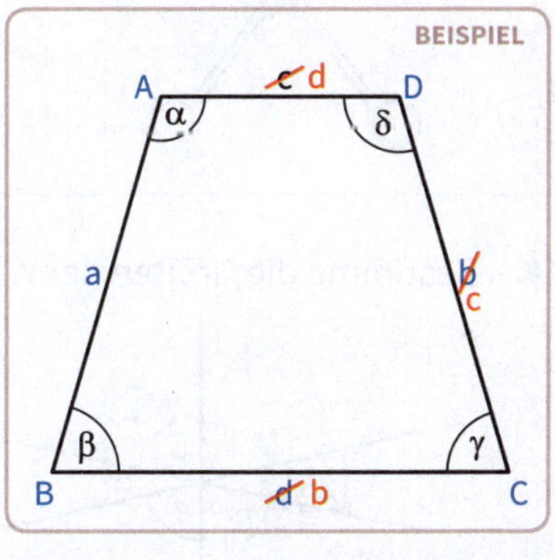

4. Vervollständige die Beschriftung der Figur.

a)

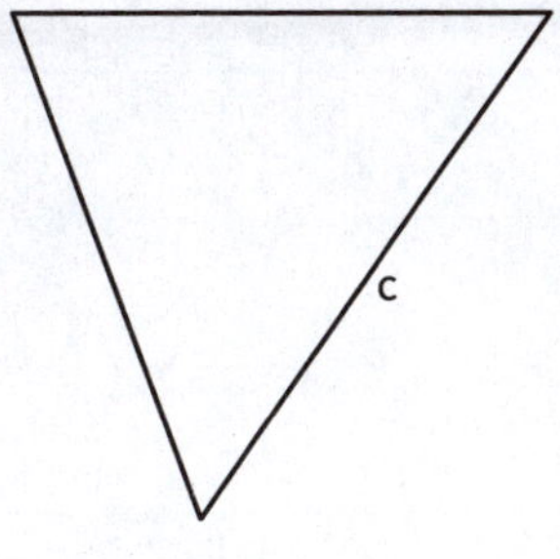

b)

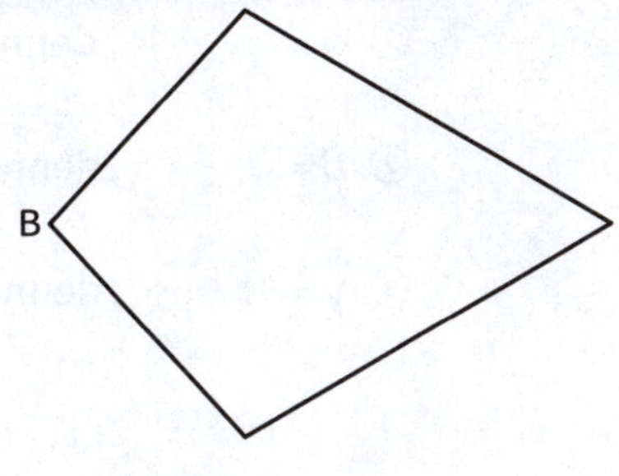

c)

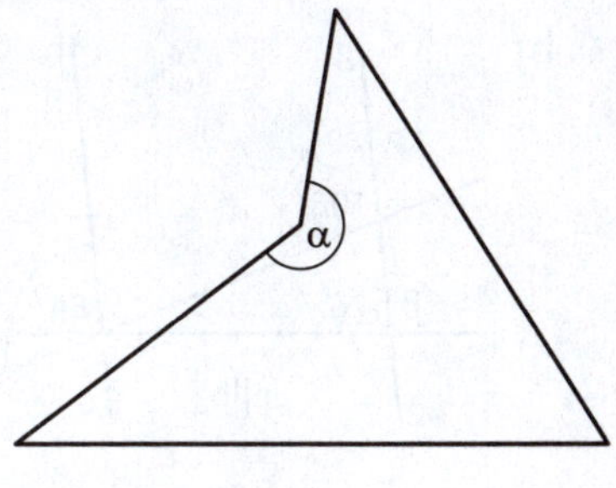

Winkel an Geradenkreuzungen

1. Färbe gleich große Winkel mit der gleichen Farbe.

a)
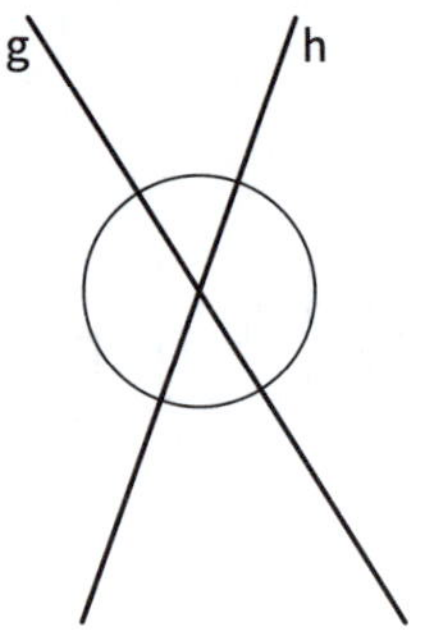

b) g ∥ h
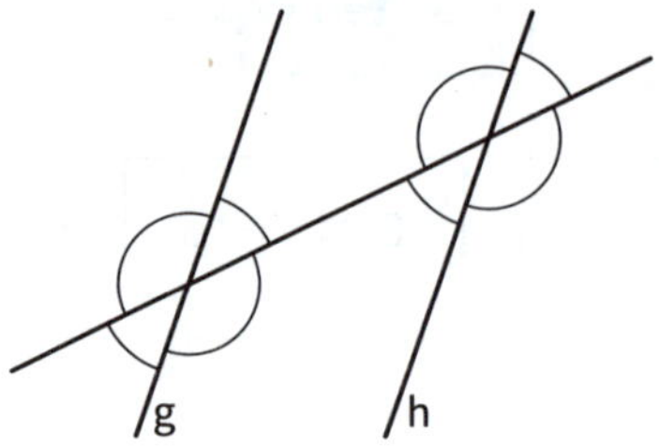

c)
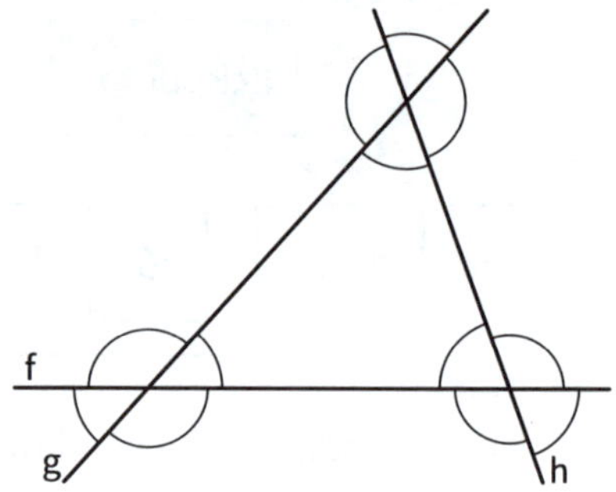

2. a) Trage alle Scheitelwinkelpaare ein. Nimm für jedes Paar eine andere Farbe.

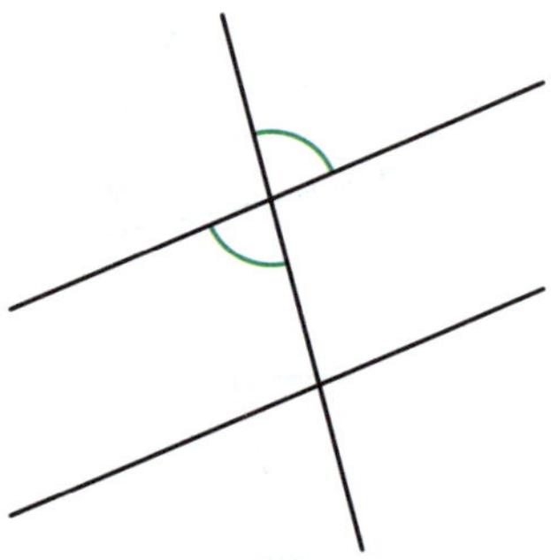

b) Trage alle Nebenwinkelpaare ein. Nimm für jedes Paar eine andere Farbe.

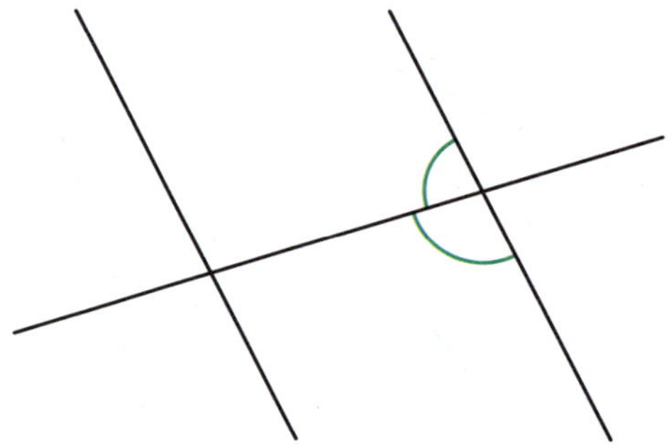

3. Finde gleich große Winkel und markiere sie in der gleichen Farbe.

a)
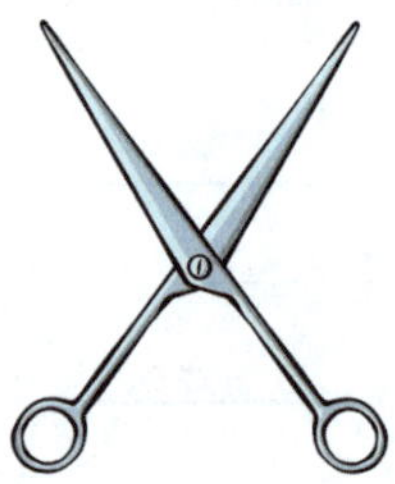

b)

c)
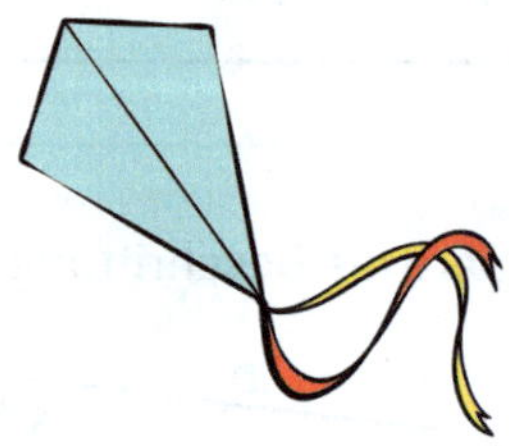

4. Bestimme die Größen der Winkel und begründe.

a)
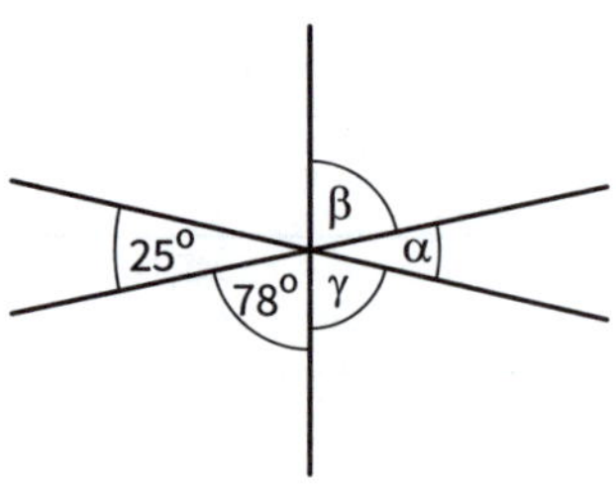

① α = 25°, denn α ist ______ von 25°.

② β = ______, denn ______

③ γ = ______, denn ______

______

b)
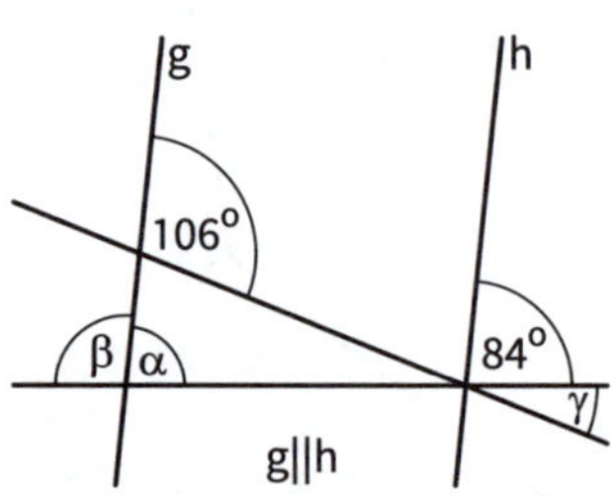

① α = ______, denn ______

② β = ______, denn ______

③ γ = ______, denn ______

______

Achsenspiegelung und Achsensymmetrie

1. Welche Figuren sind achsensymmetrisch? Kreuze an.

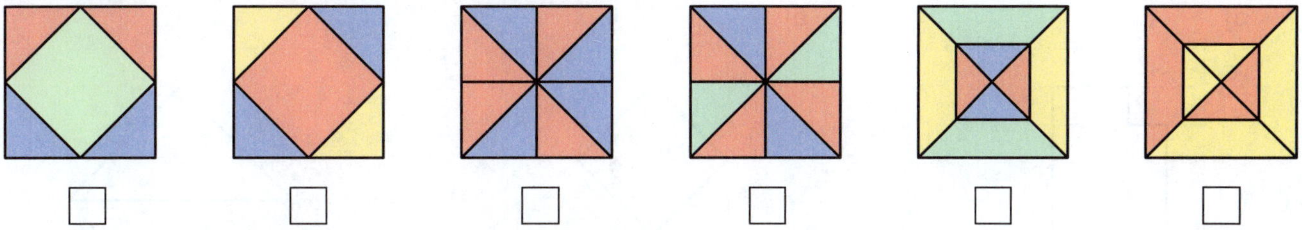

2. Zeichne in die Figuren alle Symmetrieachsen ein.

3. Spiegle die Figur an der roten Geraden.

a)

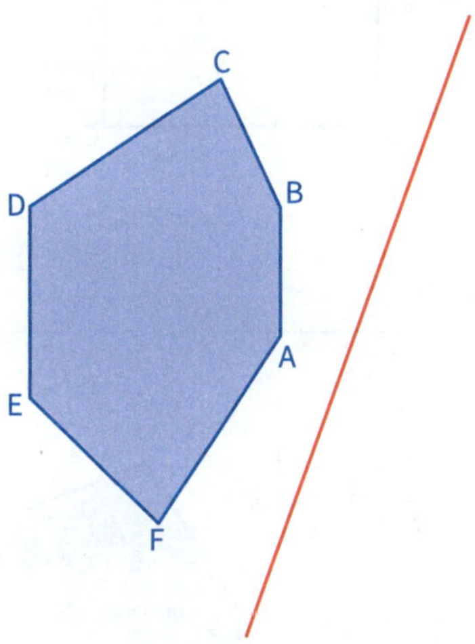

b)

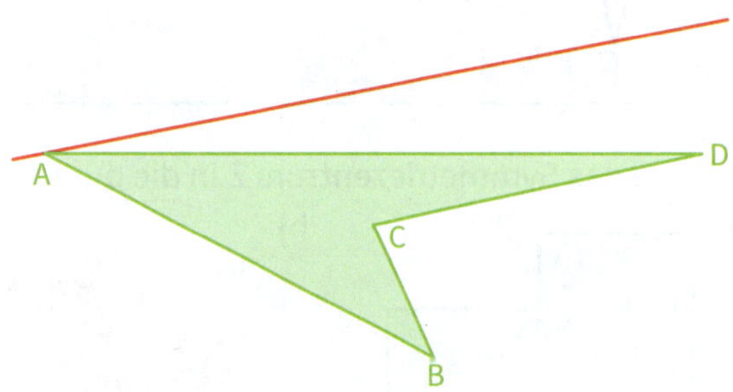

4. a) Spiegle die Figur erst an der x-Achse und die Bildfigur anschließend an der y-Achse.
b) Notiere die Koordinaten der Eckpunkte der zweiten Bildfigur.

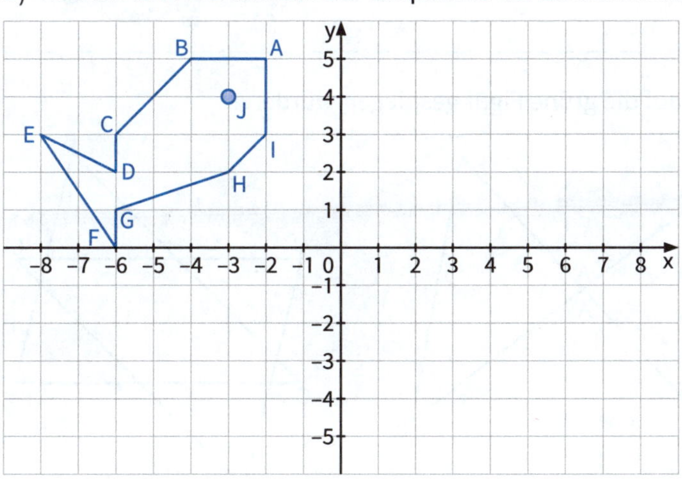

A" (____ | ____)	B" (____ | ____)
C" (____ | ____)	D" (____ | ____)
E" (____ | ____)	F" (____ | ____)
G" (____ | ____)	H" (____ | ____)
I" (____ | ____)	J" (____ | ____)

Punktspiegelung und Punktsymmetrie

1. Spiegle die Figuren am Spiegelzentrum Z.

a)

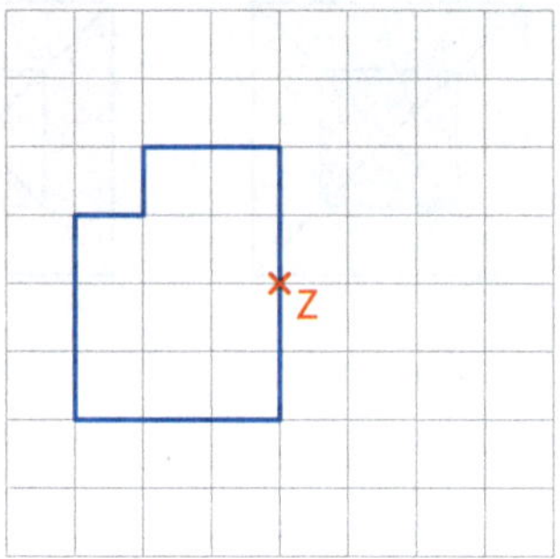

b)

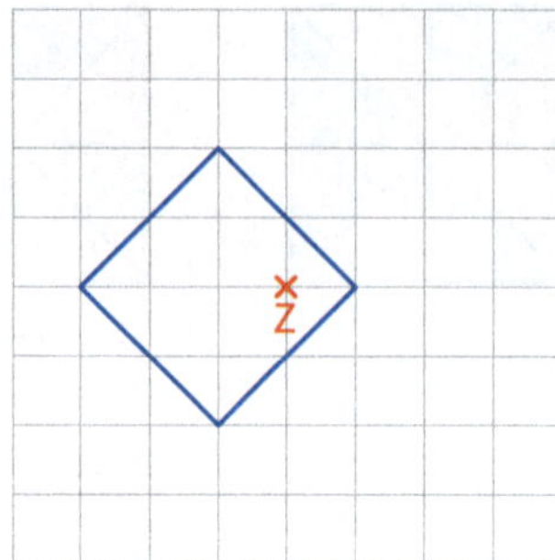

c)

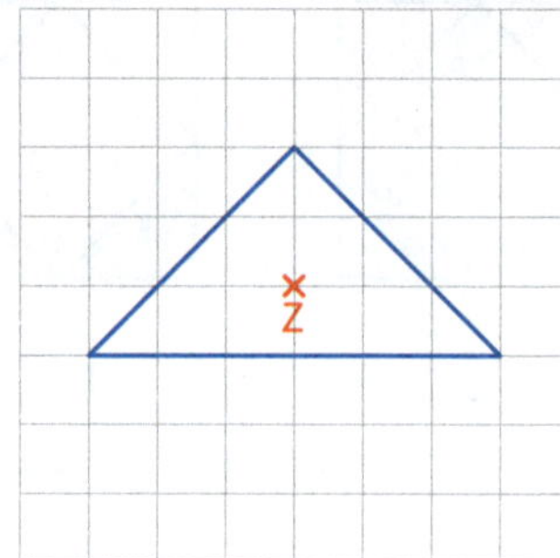

2. Spiegle die Figur am Punkt Z.

a)

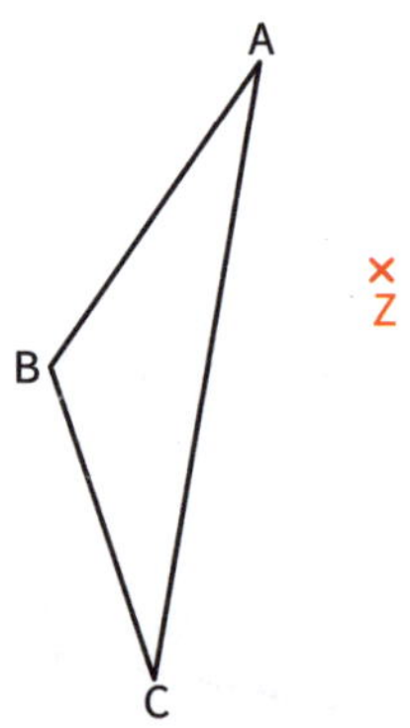

b)

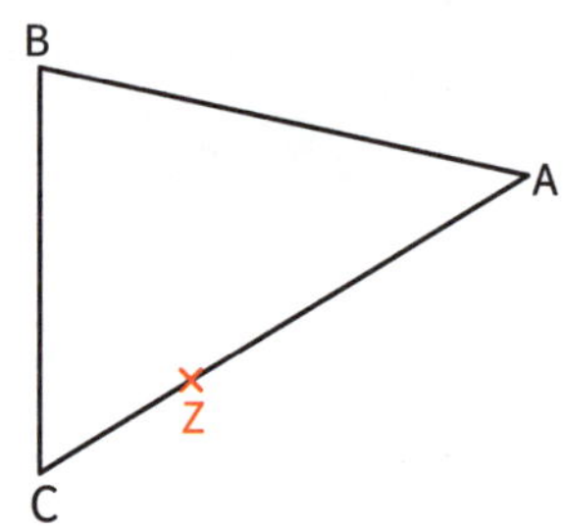

c)

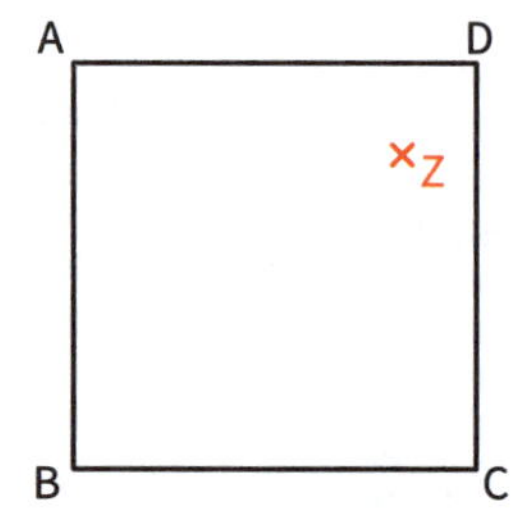

3. Zeichne das Symmetriezentrum Z in die punktsymmetrische Figur ein.

a)

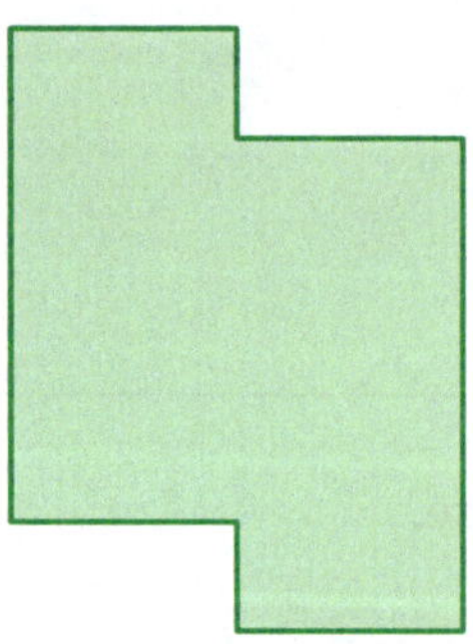

b)

c)

d)

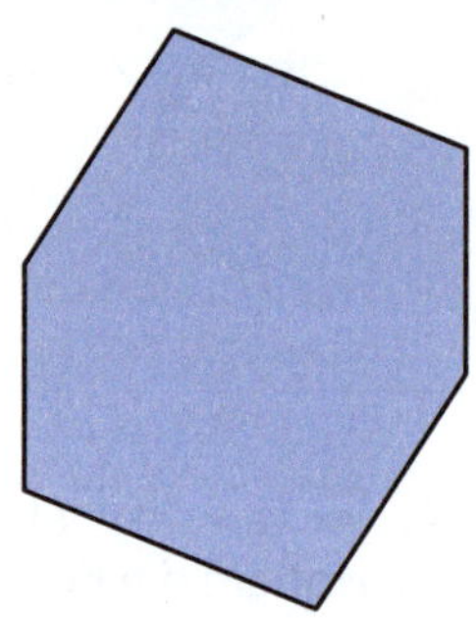

4. Zeichne den Punkt Z ein, an dem die blaue Figur auf die grüne Figur gespiegelt wurde.

a)

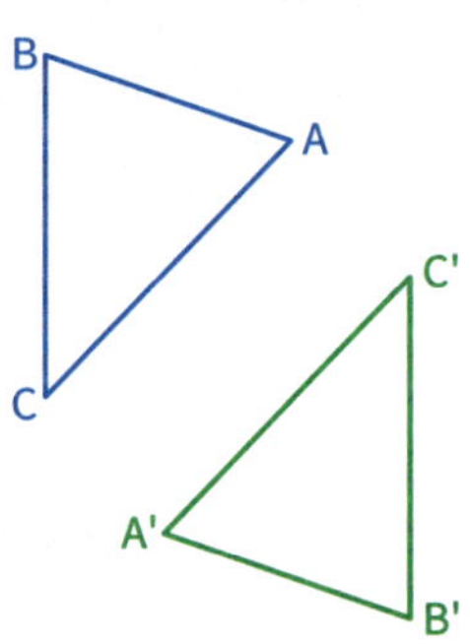

b)

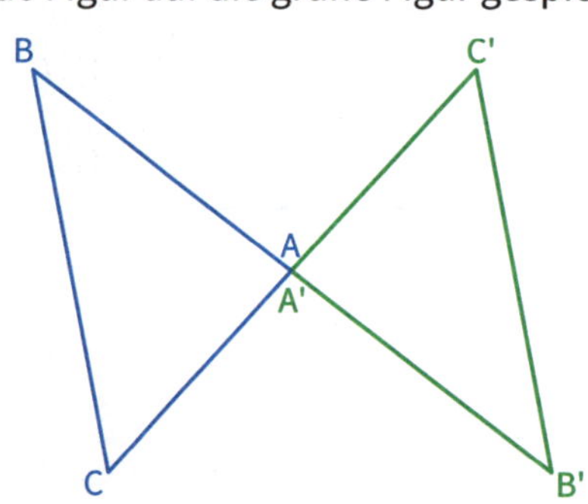

c)

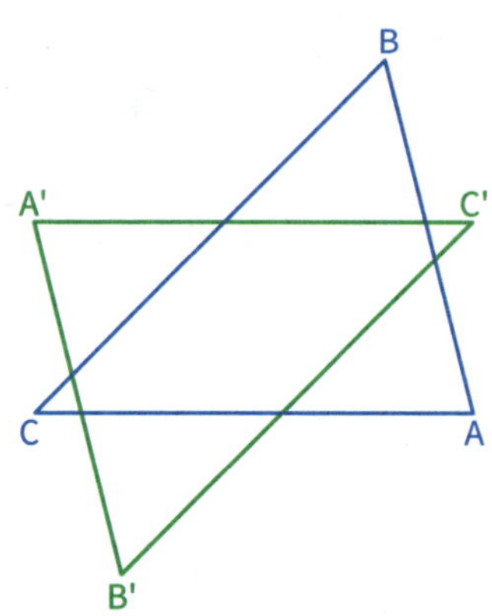

Digital+
WES-128745-124

SB S. 124 – 125

Drehsymmetrie und Drehung

1. Kreuze alle drehsymmetrischen Verkehrsschilder an. Gib für alle drehsymmetrischen Schilder den kleinsten möglichen Drehwinkel an.

a) 
○ Drehwinkel: ______

b) 
○ Drehwinkel: ______

c) 
○ Drehwinkel: ______

d) 
○ Drehwinkel: ______

e) 
○ Drehwinkel: ______

2. Drehe die Figur mehrmals mit dem Drehwinkel 90° um das Drehzentrum Z, sodass eine drehsymmetrische Figur entsteht.

a) 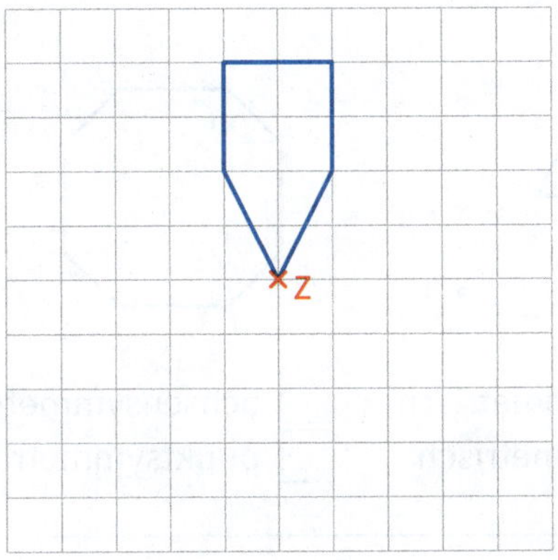

b) 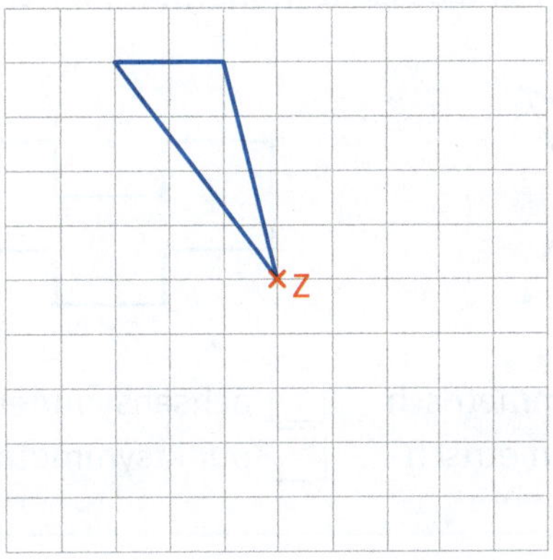

3. Zeichne den kleinsten möglichen Drehwinkel ein und gib seine Größe an.

a) 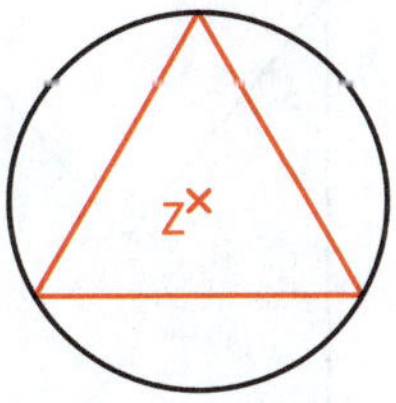

______

b) 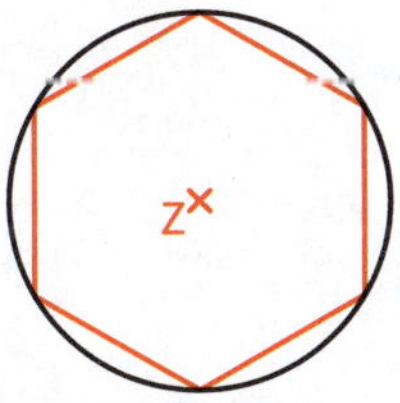

______

c) 

______

BEISPIEL
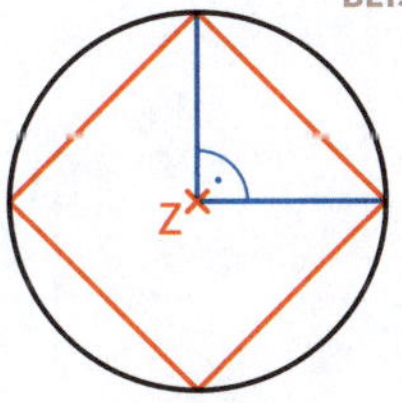

90°

4. Färbe die Figur so, dass sie drehsymmetrisch ist. Der Winkel α soll der kleinste mögliche Drehwinkel sein.

a) $\alpha = 120°$
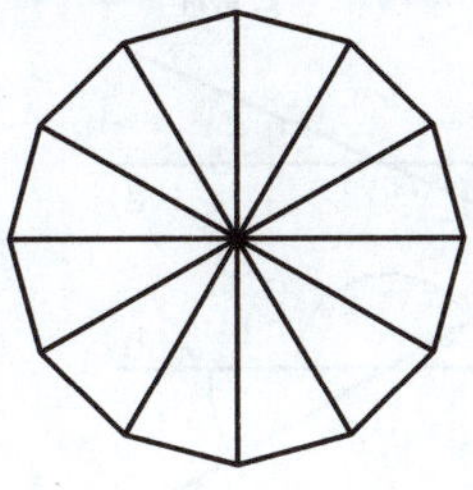

b) $\alpha = 180°$
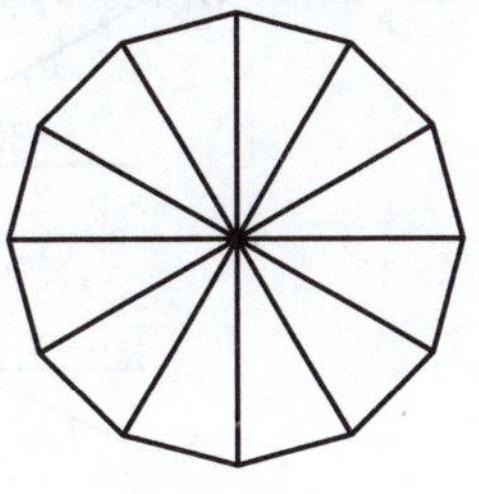

c) $\alpha = 60°$
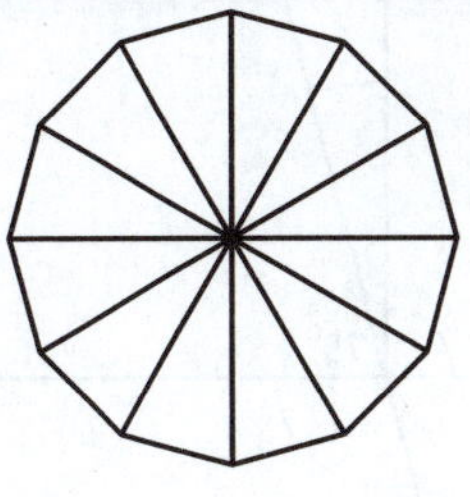

SB S. 129 – 131

Aufgabe 1 – 4

1. Finde die Begriffe zum Winkel und Symmetrien und färbe sie. Du findest sie senkrecht oder waagerecht, vorwärts oder rückwärts.

- ☐ spiegeln
- ☐ Nebenwinkel
- ☐ spitz
- ☐ Drehzentrum
- ☐ stumpf
- ☐ Punktspiegelung
- ☐ Scheitelwinkel

G	N	U	L	E	G	E	I	P	S	T	K	N	U	P
Ü	E	Z	W	O	X	F	M	I	P	W	M	I	O	W
R	O	K	N	D	Y	Z	O	G	I	M	A	G	T	A
N	E	B	E	N	W	I	N	K	E	L	K	T	T	N
F	X	U	I	D	P	V	I	S	G	R	I	S	O	R
Z	A	S	T	U	M	P	F	R	E	H	S	R	R	H
T	V	L	O	M	E	T	J	R	L	T	J	R	U	T
I	L	T	D	R	E	H	Z	E	N	T	R	U	M	R
P	U	F	E	I	E	Ü	T	R	E	H	T	R	E	H
S	C	H	E	I	T	E	L	W	I	N	K	E	L	A

2. Welche Figuren sind achsensymmetrisch, welche punktsymmetrisch? Kreuze an.

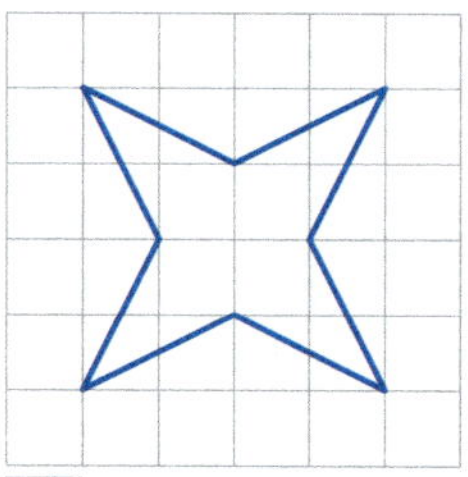

☐ achsensymmetrisch
☐ punktsymmetrisch

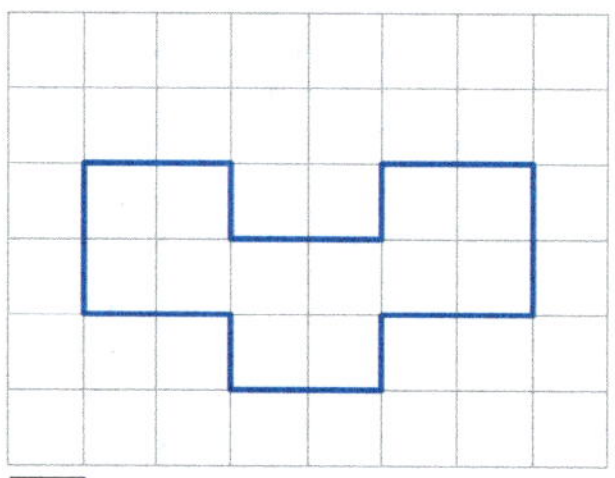

☐ achsensymmetrisch
☐ punktsymmetrisch

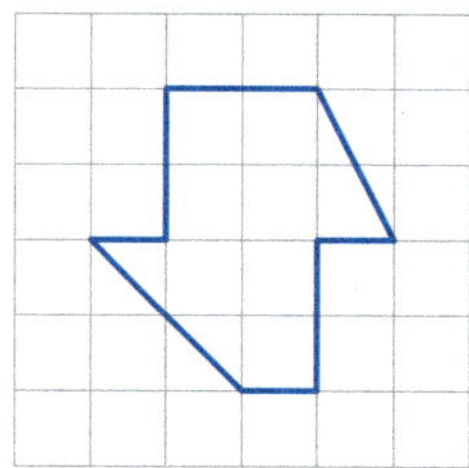

☐ achsensymmetrisch
☐ punktsymmetrisch

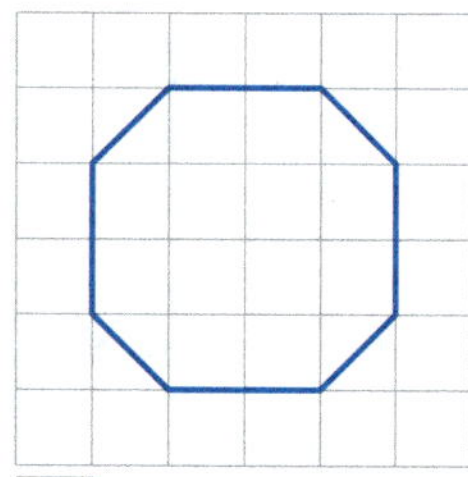

☐ achsensymmetrisch
☐ punktsymmetrisch

3. Welche Figuren sind achsensymmetrisch, welche punktsymmetrisch? Zeichne alle Symmetrieachsen und Symmetriezentren ein.

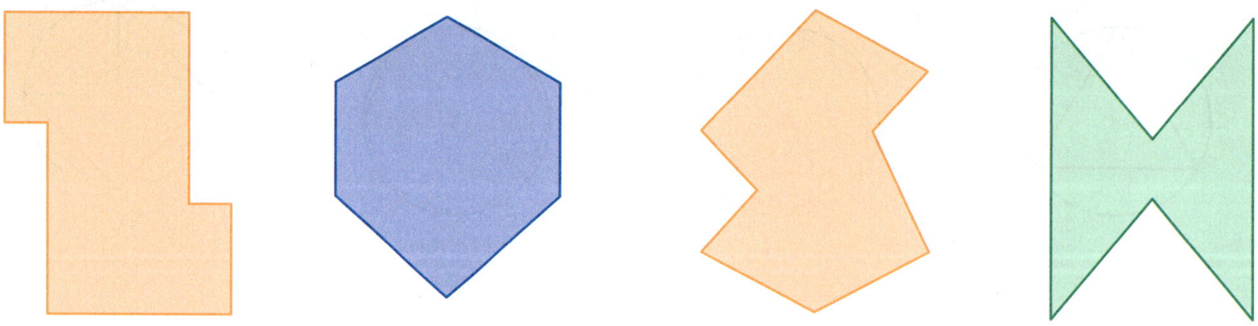

4. Bestimme die Größen der gekennzeichneten Winkel und notiere sie in den Winkelbögen.

a)

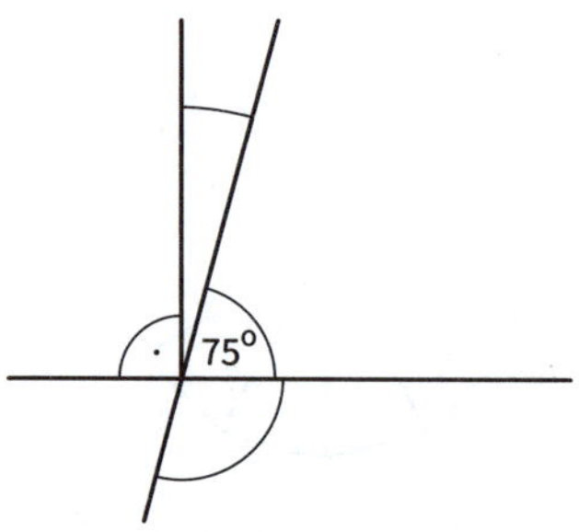

b)

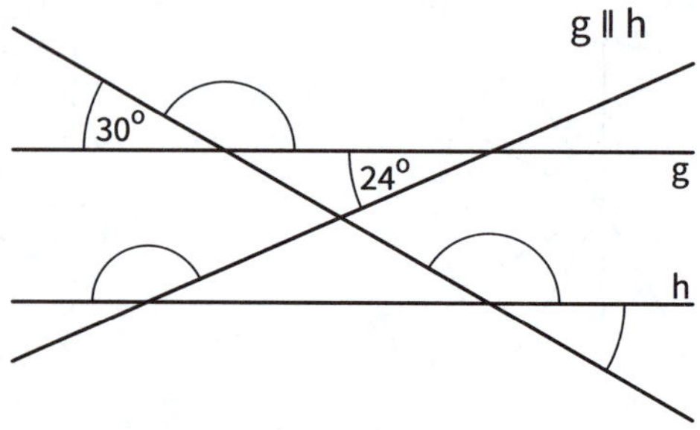

SB S. 129 – 131

II Aufgabe 5 bis 6

5. Überprüfe, ob hier richtig gespiegelt wurde. Korrigiere, wenn nötig.

a)

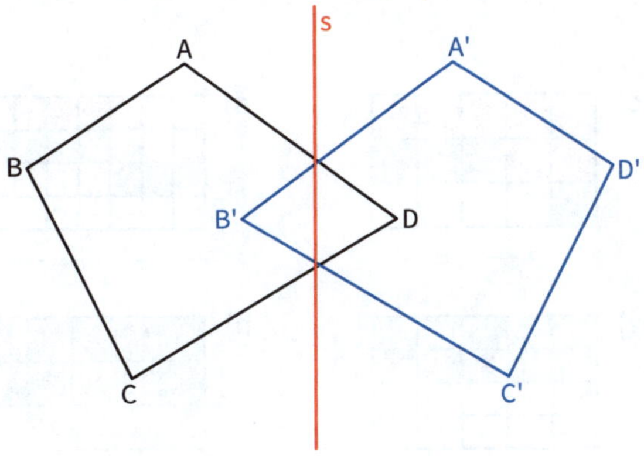

b)

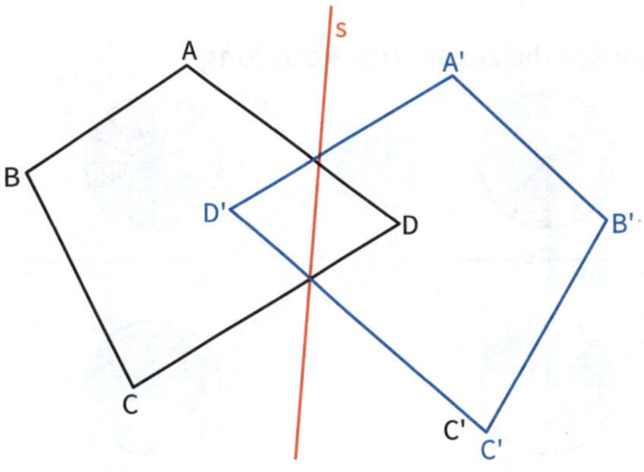

6. Färbe die Figur so, dass sie symmetrisch ist.

a) achsensymmetrisch b) punktsymmetrisch c) drehsymmetrisch ($\alpha = 90°$)

III Aufgabe 7

7. a) Zeichne die Punkte ins Koordinatensystem. Verbinde die Punkte A bis E zu einem Fünfeck.

A (3 | 7) B (1 | 4) C (3 | 2) D (7 | 2) E (6 | 7) Z (0 | 2)

b) Spiegle das Fünfeck ABCDE am Punkt Z.

c) Notiere die Koordinaten der Bildpunkte.

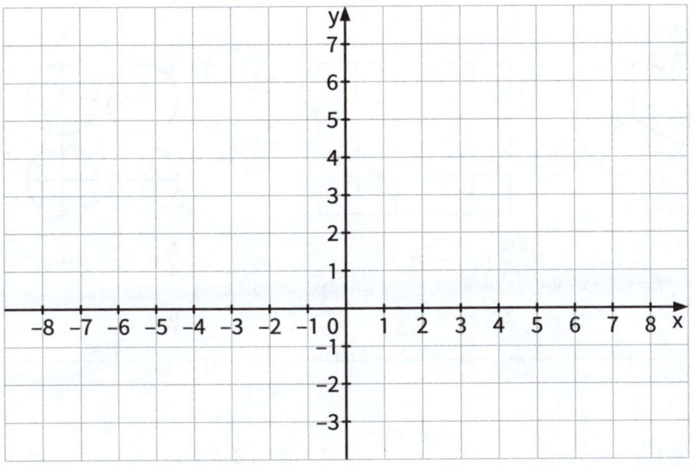

A' (_____ | _____)

B' (_____ | _____)

C' (_____ | _____)

D' (_____ | _____)

E' (_____ | _____)

d) Spiegle das Ausgangsfünfeck ABCDE an der y-Achse. Zeichne eine weitere Spiegelgerade ein, sodass die doppelt gespiegelte Figur auf der Bildfigur A'B'C'D'E' der Punktspiegelung liegt.

Gleichnamige Brüche addieren und subtrahieren

1. Notiere die zugehörige Rechnung.

a) 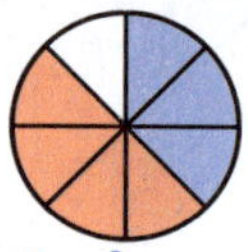
$\frac{4}{8} + \frac{3}{8} =$ ___

b) 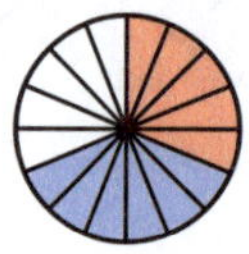
___ + ___ = ___

c) 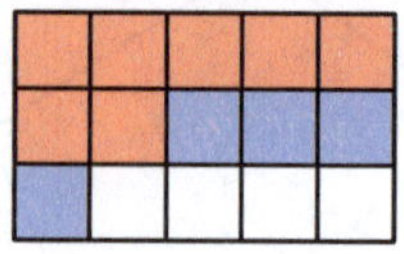
___ + ___ = ___

d) 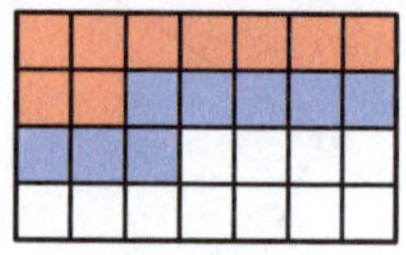
___ + ___ = ___

e) 
$\frac{3}{4} - \frac{2}{4} =$ ___

f) 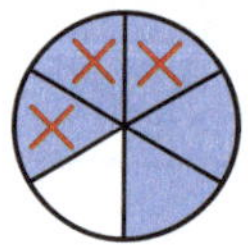
___ − ___ = ___

g) 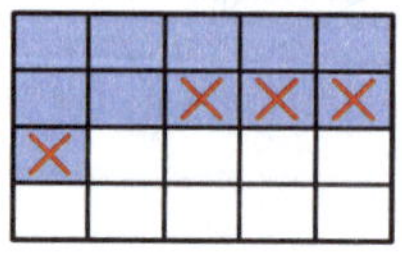
___ − ___ = ___

h) 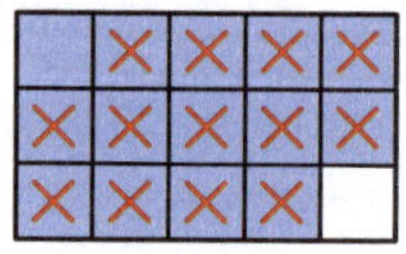
___ − ___ = ___

2. Färbe die Anteile und gib das Ergebnis an.

a) 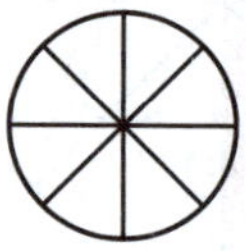
$\frac{5}{8} + \frac{2}{8} =$ ___

b) 
$\frac{1}{7} + \frac{4}{7} =$ ___

c) 
$\frac{4}{5} - \frac{1}{5} =$ ___

d) 
$\frac{7}{9} - \frac{5}{9} =$ ___

e) 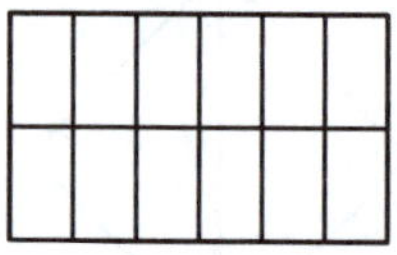
$\frac{5}{12} + \frac{6}{12} =$ ___

f) 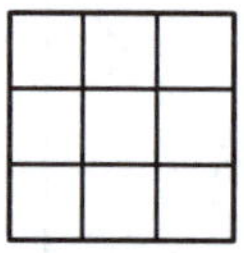
$\frac{2}{9} + \frac{2}{9} =$ ___

g) 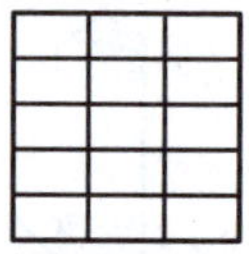
$\frac{11}{15} - \frac{4}{15} =$ ___

h) 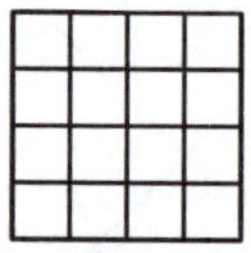
$\frac{9}{16} - \frac{4}{16} =$ ___

3. Berechne. Kürze das Ergebnis so weit wie möglich.

a) $\frac{3}{8} + \frac{3}{8} =$ ___ = ___
b) $\frac{5}{12} - \frac{2}{12} =$ ___ = ___
c) $\frac{1}{10} + \frac{7}{10} =$ ___ = ___
d) $\frac{9}{13} + \frac{4}{13} =$ ___ = ___
e) $\frac{13}{20} - \frac{3}{20} =$ ___ = ___
f) $\frac{11}{18} - \frac{5}{18} =$ ___ = ___
g) $\frac{23}{24} - \frac{5}{24} =$ ___ = ___
h) $\frac{11}{16} - \frac{9}{16} =$ ___ = ___

4. Färbe die Anteile und ergänze beide Rechnungen.

a) 
$\frac{5}{12} +$ ___ $= 1$
$1 -$ ___ $= \frac{5}{12}$

b) 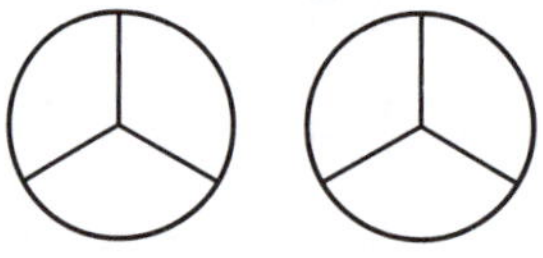
$\frac{2}{3} +$ ___ $= 2$
$2 -$ ___ $= \frac{2}{3}$

c) 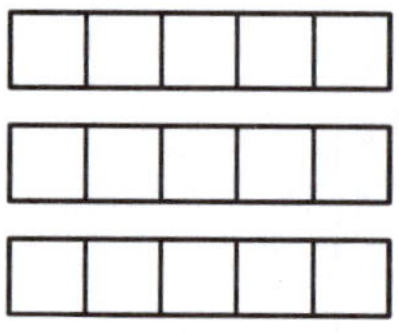
$\frac{3}{5} +$ ___ $= 3$
$3 -$ ___ $= \frac{3}{5}$

d) 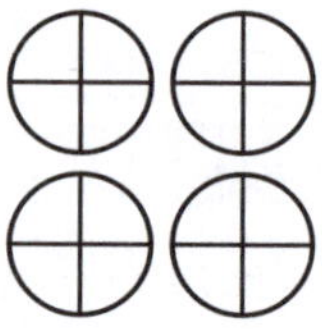
$\frac{1}{4} +$ ___ $= 4$
$4 -$ ___ $= \frac{1}{4}$

5. Berechne.

a) $5\frac{2}{7} + 4\frac{3}{7} = 9\frac{2}{7} + \frac{3}{7} =$ ___
b) $8\frac{1}{5} + 7\frac{1}{5} =$ ___ + ___ = ___
c) $3\frac{3}{5} + 4\frac{3}{5} =$ ___ + ___ = ___
d) $6\frac{8}{9} - 2\frac{1}{9} = 4\frac{8}{9} - \frac{1}{9} =$ ___
e) $7\frac{5}{7} - 3\frac{1}{7} =$ ___ − ___ = ___
f) $6\frac{1}{3} - 3\frac{2}{3} =$ ___ − ___ = ___

Ungleichnamige Brüche addieren und subtrahieren

1. Beim Geburtstag bleibt Kuchen übrig. Ergänze die Rechnung.

a)

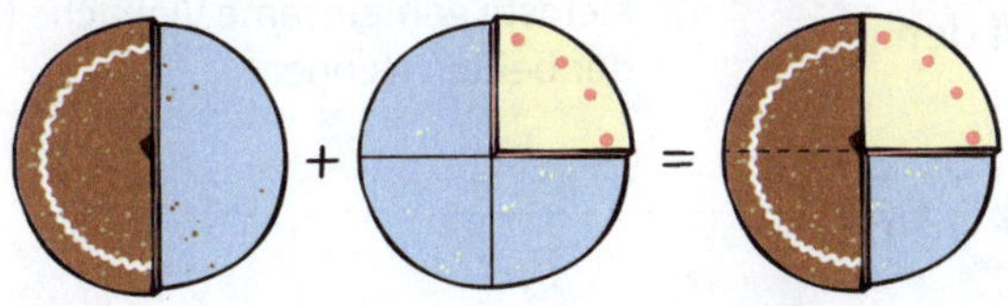

$\frac{1}{2} + \frac{1}{4} = \frac{}{4} + \frac{}{4} = \frac{}{}$

b)

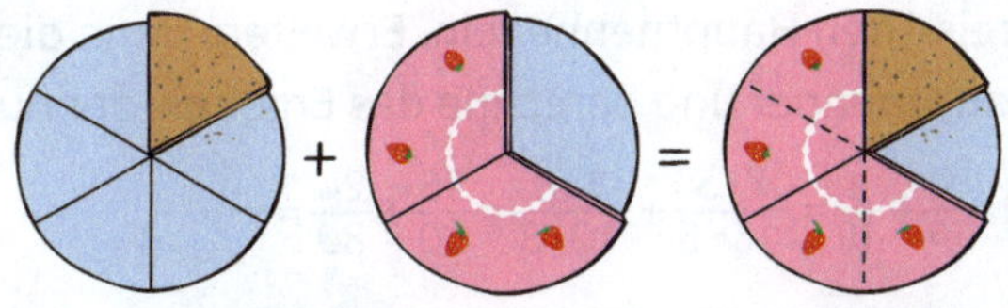

$\frac{}{} + \frac{}{} = \frac{}{} + \frac{}{} = \frac{}{}$

2. Erweitere einen Bruch auf den gemeinsamen Nenner und berechne dann.

a) $\frac{3}{8} + \frac{1}{4}$
$= \frac{3}{8} + \frac{2}{8}$
$= \frac{}{}$

b) $\frac{3}{4} - \frac{5}{12}$
$= \frac{}{} - \frac{5}{12}$
$= \frac{}{}$

c) $\frac{4}{9} + \frac{1}{3}$
$= \frac{}{} + \frac{}{}$
$= \frac{}{}$

d) $\frac{9}{10} - \frac{5}{20}$
$= \frac{}{} - \frac{}{}$
$= \frac{}{}$

3. Löse die Aufgabe sowohl zeichnerisch als auch rechnerisch.

a)

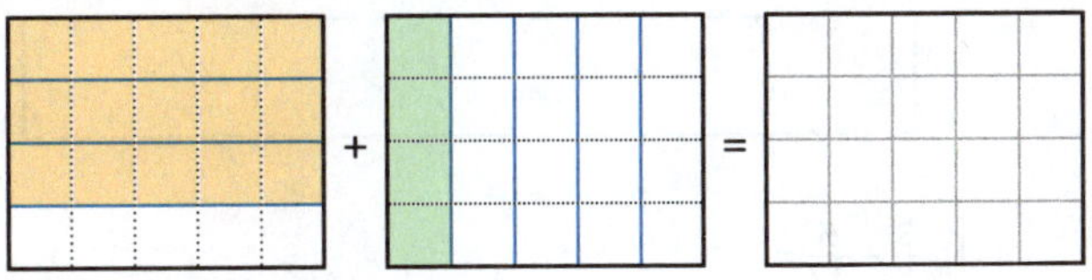

$\frac{3}{4} + \frac{1}{5} = \frac{}{20} + \frac{}{20} = \frac{}{}$

b)

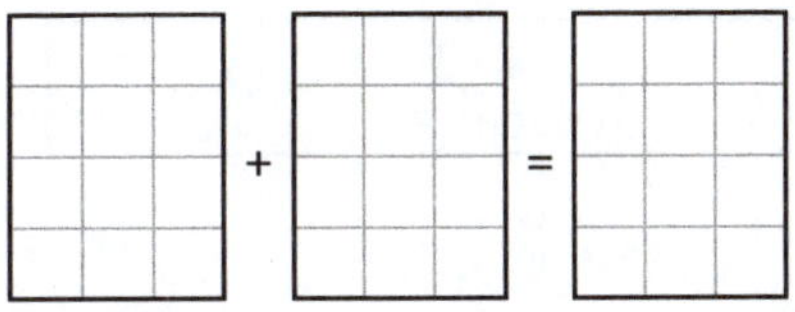

$\frac{1}{4} + \frac{2}{3} = \frac{}{} + \frac{}{} = \frac{}{}$

4. Erweitere beide Brüche auf einen gemeinsamen Nenner und berechne dann.

a) $\frac{3}{5} + \frac{1}{6}$
$= \frac{}{30} + \frac{}{30}$
$= \frac{}{}$

b) $\frac{7}{8} - \frac{1}{3}$
$= \frac{}{24} - \frac{}{24}$
$= \frac{}{}$

c) $\frac{4}{5} + \frac{1}{7}$
$= \frac{}{} + \frac{}{}$
$= \frac{}{}$

d) $\frac{7}{10} - \frac{4}{9}$
$= \frac{}{} - \frac{}{}$
$= \frac{}{}$

5. Ergänze die Lücke.

a) $\frac{3}{7} + \frac{\square}{14} = \frac{1}{2}$

b) $\frac{\square}{30} + \frac{1}{2} = \frac{13}{15}$

c) $\frac{8}{9} - \frac{\square}{4} = \frac{5}{36}$

d) $\frac{\square}{50} - \frac{6}{25} = \frac{1}{10}$

6. Berechne.

a) $3\frac{2}{5} + 2\frac{1}{4}$
$= 5\frac{2}{5} + \frac{1}{4}$
$= 5\frac{8}{20} + \frac{5}{20}$
$=$

b) $4\frac{1}{2} + 5\frac{2}{3}$
$= + $
$=$
$=$

c) $5\frac{3}{4} - 2\frac{1}{3}$
$=$
$=$
$=$

d) $6\frac{1}{3} - 3\frac{4}{7}$
$=$
$=$
$=$

Hauptnenner

1. Im Kasten stehen die ersten Vielfachen des größeren Nenners. Kreise den Hauptnenner ein. Erweitere dann die Brüche auf den Hauptnenner und berechne das Ergebnis der Aufgabe.

> **TIPP** Der Hauptnenner ist das kleinste gemeinsame Vielfache (kgV) der beiden Nenner.

a) $\frac{7}{16} + \frac{3}{10} = \frac{7 \cdot 5}{16 \cdot 5} + \frac{3 \cdot 8}{10 \cdot 8} = \frac{35}{80} + \frac{24}{80} = \underline{\quad}$

16	32	48	64	(80)	96	112

b) $\frac{7}{9} + \frac{5}{12} = \frac{\cdot}{\cdot} + \frac{\cdot}{\cdot} = \underline{\quad} + \underline{\quad} = \underline{\quad}$

12	24	36	48	60	72	84

c) $\frac{5}{8} - \frac{1}{6} = \frac{\cdot}{\cdot} - \frac{\cdot}{\cdot} = \underline{\quad} - \underline{\quad} = \underline{\quad}$

8	16	24	32	40	48	56

d) $\frac{11}{15} - \frac{4}{25} = \frac{\cdot}{\cdot} - \frac{\cdot}{\cdot} = \underline{\quad} - \underline{\quad} = \underline{\quad}$

25	50	75	100	125	150	175

2. Erweitere auf den Hauptnenner und berechne.

a) $\frac{3}{4} + \frac{1}{6} =$

b) $\frac{5}{9} - \frac{1}{15} =$

c) $\frac{5}{6} - \frac{5}{9} =$

d) $\frac{3}{8} + \frac{5}{12} =$

e) $\frac{9}{10} - \frac{4}{15} =$

f) $\frac{3}{8} + \frac{3}{10} =$

3. Erweitere zuerst so, dass alle drei Brüche den gleichen Nenner haben.

a) $\frac{1}{2} + \frac{1}{5} + \frac{1}{8} =$

b) $\frac{2}{3} - \frac{1}{4} - \frac{1}{6} =$

c) $\frac{3}{5} + \frac{2}{3} - \frac{3}{10} =$

d) $\frac{5}{6} - \frac{2}{9} + \frac{3}{4} =$

e) $\frac{2}{9} + \frac{8}{15} + \frac{7}{10} =$

f) $\frac{5}{8} + \frac{11}{12} - \frac{9}{16} =$

4. Gegeben sind die abgebildeten Ziffernkarten mit den Ziffern von 1 bis 9. Wähle jeweils vier verschiedene Ziffernkarten und notiere Brüche, sodass …

5 1 6 2 7 3 8 4 9

a) … das Ergebnis genau $\frac{2}{3}$ beträgt.

$\underline{\quad} + \underline{\quad} = \frac{2}{3}$

b) … das Ergebnis möglichst klein ist.

$\underline{\quad} + \underline{\quad} = \underline{\quad}$

Brüche mit natürlichen Zahlen multiplizieren

1. Schreibe als Produkt und berechne die Gesamtmenge.

a)

___ $\cdot \frac{1}{5}$ ℓ = ___ ℓ

b)

___ · ___ = ___

c)

___ · ___ = ___

2. Ergänze die Zeichnung und die Rechnung. Gib das Ergebnis auch als gemischte Zahl an.

a)
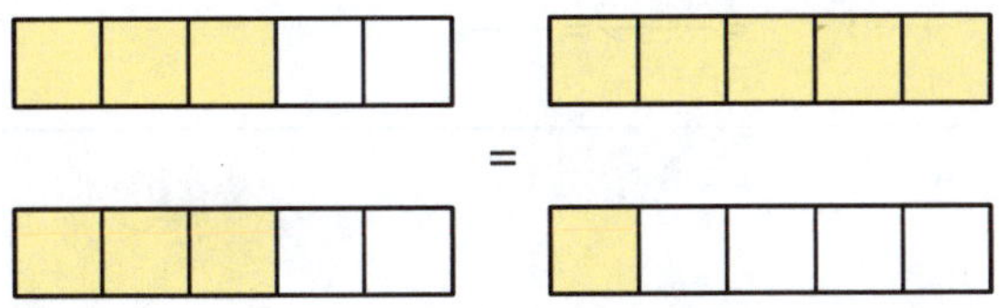

$2 \cdot \frac{3}{5} = \frac{6}{5} = 1\frac{1}{5}$

b)
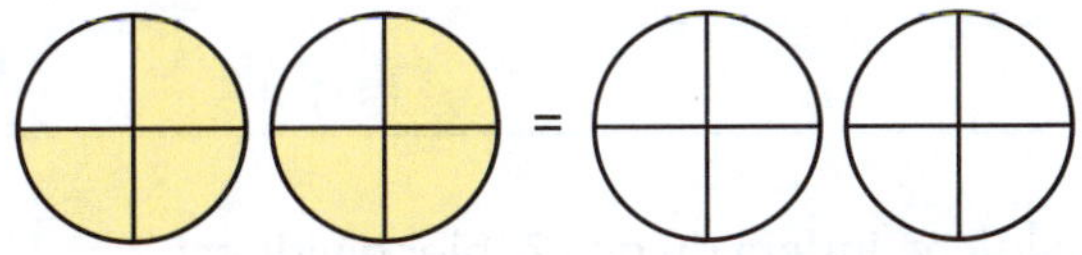

___ · ___ = ___ = ___

c)
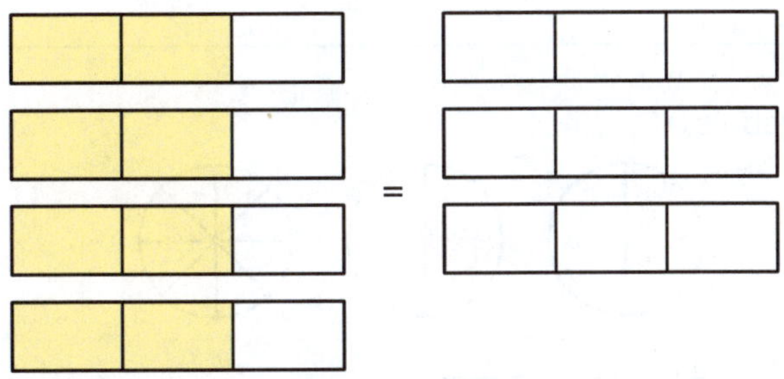

___ · ___ = ___ = ___

d)
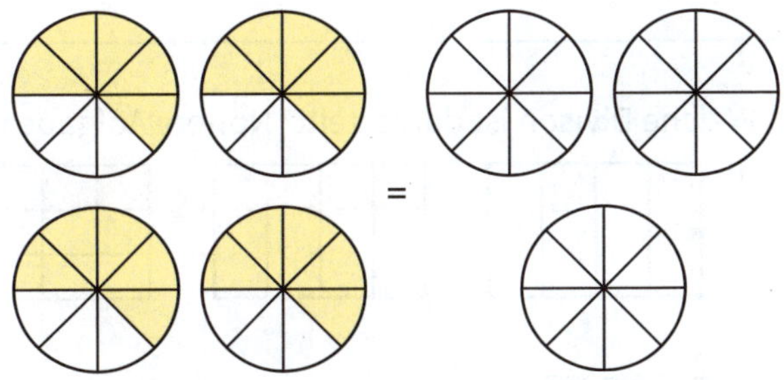

___ · ___ = ___ = ___

3. Berechne das Produkt. Gib das Ergebnis auch als gemischte Zahl an.

a) $11 \cdot \frac{1}{6}$ = ___ = ___

b) $7 \cdot \frac{5}{11}$ = ___ = ___

c) $9 \cdot \frac{3}{4}$ = ___ = ___

d) $\frac{1}{3} \cdot 10$ = ___ = ___

e) $\frac{2}{5} \cdot 9$ = ___ = ___

f) $\frac{7}{8} \cdot 3$ = ___ = ___

4. Berechne die Gesamtmenge. Gib das Ergebnis auch als gemischte Zahl an.

a)

jede Flasche $1\frac{1}{4}$ ℓ

___ $\cdot \frac{5}{4}$ ℓ = ___ ℓ = ___ ℓ

b)

jeder Sack $2\frac{1}{2}$ kg

___ · ___ = ___ = ___

c)

jede Kanne $1\frac{3}{8}$ ℓ

___ · ___ = ___ = ___

5. Berechne und gib das Ergebnis als gemischte Zahl an.

a) $3\frac{2}{7} \cdot 4 = 3 \cdot 4 + \frac{2}{7} \cdot 4$

= ___ + ___ = ___

b) $5\frac{3}{5} \cdot 6$ = ___ + ___

= ___ + ___ = ___

c) $7\frac{3}{4} \cdot 3$ = ___ + ___

= ___ + ___ = ___

Brüche durch natürliche Zahlen dividieren

1. Welche Division ist dargestellt? Notiere Aufgabe und Ergebnis.

a)

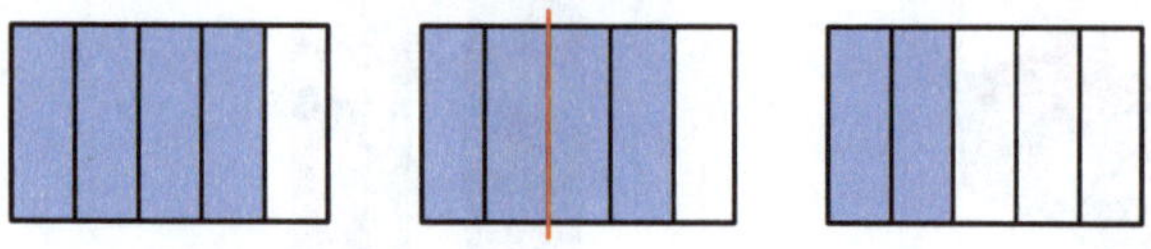

$\frac{4}{5}:2=\frac{4:2}{5}=\_\_$

b)

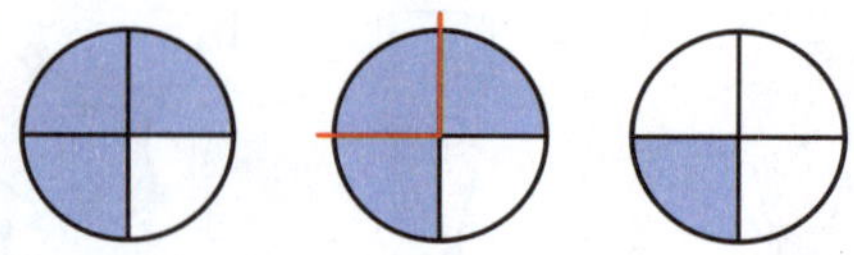

$\frac{3}{4}:3=\frac{3:}{4}=\_\_$

c)

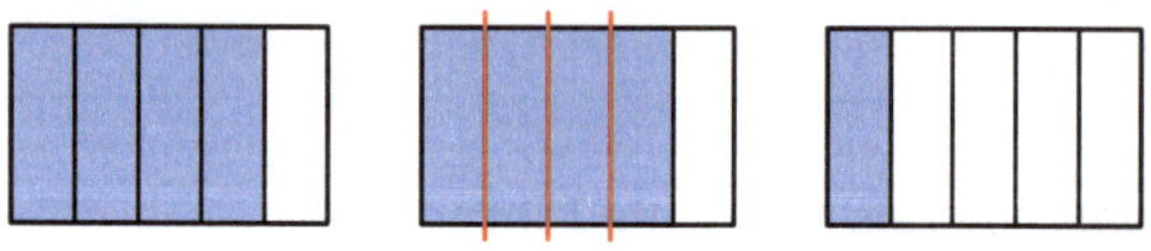

$\_\_:\_\_=\_\_=\_\_$

d)

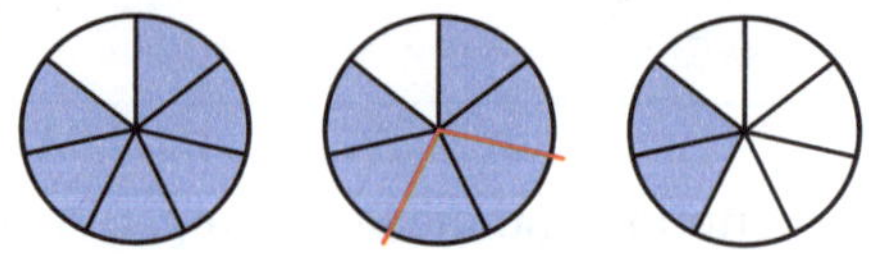

$\_\_:\_\_=\_\_=\_\_$

2. Dividiere, indem du den Zähler dividierst.

a) $\frac{10}{11}:5=\frac{10:5}{11}=\_\_$ b) $\frac{4}{5}:2=\_\_=\_\_$ c) $\frac{3}{4}:3=\_\_=\_\_$

d) $\frac{15}{19}:3=\_\_=\_\_$ e) $\frac{16}{25}:8=\_\_=\_\_$ f) $\frac{14}{15}:7=\_\_=\_\_$

3. Welche Divison ist dargestellt? Notiere Aufgabe und Ergebnis.

a)

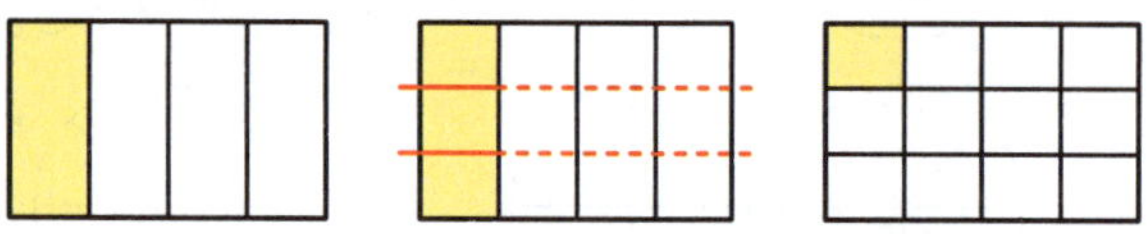

$\frac{1}{4}:3=\frac{1}{4\cdot 3}=\_\_$

b)

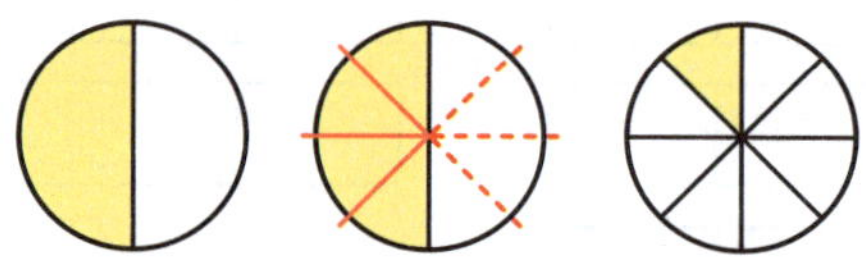

$\frac{1}{2}:4=\frac{1}{2\cdot}=\_\_$

c)

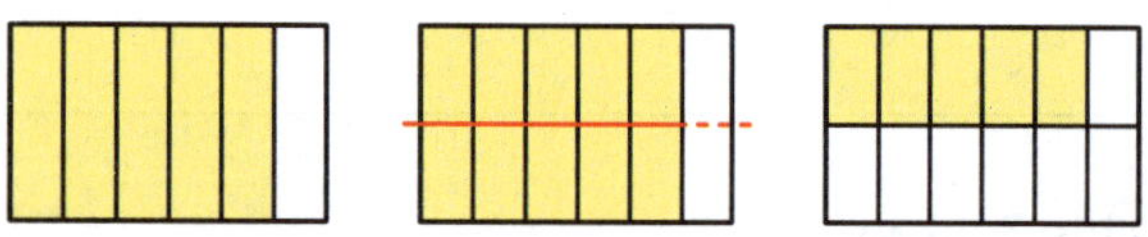

$\_\_:\_\_=\_\_=\_\_$

d)

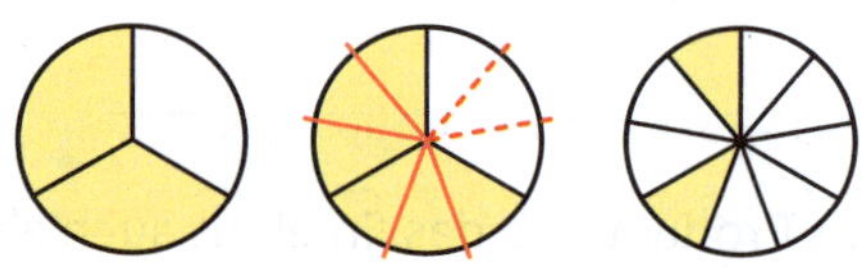

$\_\_:\_\_=\_\_=\_\_$

4. Entscheide, ob du den Zähler dividierst oder den Nenner multiplizierst.

a) $\frac{6}{11}:3=\_\_=\_\_$ b) $\frac{2}{3}:7=\_\_=\_\_$ c) $\frac{3}{11}:2=\_\_=\_\_$

d) $\frac{10}{21}:5=\_\_=\_\_$ e) $\frac{12}{13}:4=\_\_=\_\_$ f) $\frac{2}{9}:9=\_\_=\_\_$

g) $\frac{8}{15}:3=\_\_=\_\_$ h) $\frac{14}{19}:7=\_\_=\_\_$ i) $\frac{16}{17}:4=\_\_=\_\_$

5. Wandle die gemischte Zahl vor dem Dividieren in einen Bruch um.

a) $4\frac{1}{5}:7$
$=\frac{21}{5}:7$
$=\_\_$
$=\_\_$

b) $3\frac{1}{8}:5$
$=\_\_:\_\_$
$=\_\_$
$=\_\_$

c) $5\frac{2}{3}:8$
$=\_\_$
$=\_\_$
$=\_\_$

d) $5\frac{1}{2}:6$
$=\_\_$
$=\_\_$
$=\_\_$

Dezimalzahlen addieren und subtrahieren

1. Notiere zur abgebildeten Rechnung eine passende Frage und eine Antwort.

F: ______________________________

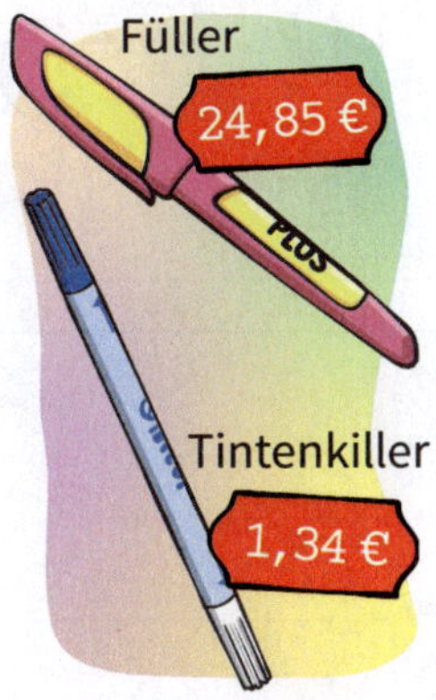

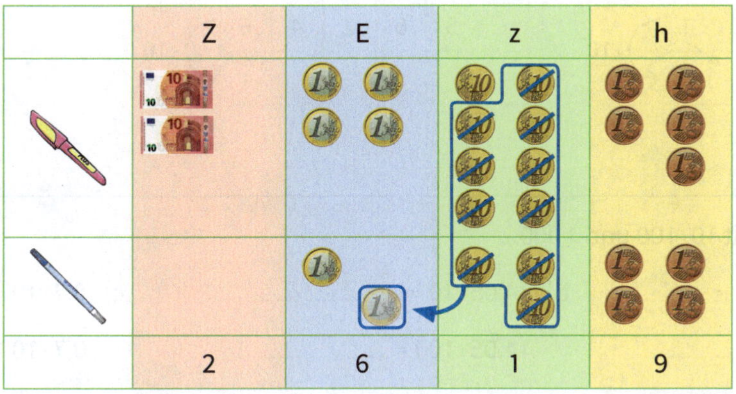

		2	4,	8	5
+			1,	3	4
			1		
		2	6,	1	9

A: ______________________________

2. Schreibe die Zahlen stellengerecht untereinander (Komma unter Komma) und addiere oder subtrahiere.

a) 34,67 + 21,25 [21] b) 67,76 – 61,52 [12] c) 145,05 + 76,08 [9] d) 128,4 – 69,6 [21]

3. Schreibe die Zahlen stellengerecht untereinander. Ergänze Nullen, wenn es nötig ist, und berechne dann.

a) 15,4 + 0,55 [20] b) 121,9 + 45,25 [20] c) 90,9 – 12,05 [28] d) 987,656 – 94,58 [33]

a)		1	5,	4	0
	+		0,	5	5

4. Addiere im Kopf.

a) 0,4 + 0,3 = ____ b) 1,3 + 0,6 = ____ c) 1,5 + 0,8 = ____ d) 3,7 + 0,3 = ____

e) 1,3 + 3,1 = ____ f) 4,2 + 1,8 = ____ g) 5,7 + 2,6 = ____ h) 2,9 + 1,8 = ____

5. Ergänze die fehlende Zahl. Rechne im Kopf.

a) 1,6 + ____ = 2,8 b) ____ + 2,5 = 4,1 c) 1,8 + ____ = 5,2 d) ____ + 0,9 = 5,7

e) 4,1 – ____ = 3,2 f) ____ – 1,4 = 4,5 g) 4,6 – ____ = 1,7 h) ____ – 4,8 = 2,9

6. 0, 0, 0 1 2 3 4 5 6 7 8 9

Erstelle aus den beiden Startkarten und den zehn Zifferkarten zwei Dezimalzahlen mit je fünf Nachkommastellen, sodass …

a) … die Summe der beiden Zahlen möglichst dicht bei 1,0 liegt.

b) … die Summe der beiden Zahlen möglichst dicht bei 0,5 liegt.

Multiplizieren und dividieren mit Zehnerzahlen

1. Zeichne das Ergebnis in die Stellenwerttafel. Schreibe darunter die Aufgabe mit Zahlen.

a)

T	H	Z	E	z	h
		2	4	3	1

· 10

24,31 · 10 = ____

b)

T	H	Z	E	z	h
	5	0	2	4	6

· 10

____

c)

T	H	Z	E	z	h
		1	5	0	2

· 100

____

2. Multipliziere im Kopf mit 10, 100 und 1 000.

a) 2,763 · 10 = ____
2,763 · 100 = ____
2,763 · 1 000 = ____

b) 14,05 · 10 = ____
14,05 · 100 = ____
14,05 · 1 000 = ____

c) 0,7 · 10 = ____
0,7 · 100 = ____
0,7 · 1 000 = ____

3. Zeichne das Ergebnis in die Stellenwerttafel. Schreibe darunter die Aufgabe mit Zahlen.

a)

H	Z	E	z	h	t
5	2	2	3		

: 10

522,3 : 10 = ____

b)

H	Z	E	z	h	t
		6	0	3	

: 10

____

c)

H	Z	E	z	h	t
		2	4		

: 100

____

4. Dividiere im Kopf durch 10, 100 und 1 000.

a) 485 : 10 = ____
485 : 100 = ____
485 : 1 000 = ____

b) 23,6 : 10 = ____
23,6 : 100 = ____
23,6 : 1 000 = ____

c) 1,5 : 10 = ____
1,5 : 100 = ____
1,5 : 1 000 = ____

5. Berechne im Kopf.

a) 0,372 · 100 = ____
b) 5,91 : 10 = ____
c) 4,92 · 1 000 = ____
d) 1,08 : 100 = ____
e) 0,05 · 10 = ____
f) 73 : 1 000 = ____

6. Mit welcher Zahl wurde multipliziert oder dividiert?

a) 4,5 —[ ]→ 450
b) 82,1 —[ ]→ 8,21
c) 0,37 —[ ]→ 370
d) 3,6 —[ ]→ 0,036
e) 0,07 —[ ]→ 7
f) 9,2 —[ ]→ 0,0092

7. Multipliziere und wandle um in die angegebene Einheit.

a) 4,7 cm · 10 = ____ cm = ____ m
b) 1,2 cm · 100 = ____ cm = ____ m
c) 0,47 kg · 10 = ____ kg = ____ t
d) 0,4 kg · 100 = ____ kg = ____ t
e) 3,25 m · 10 = ____ m = ____ km
f) 0,95 dm · 100 = ____ dm = ____ m

Digital+ WES-128745-154

SB S. 154 – 155

Dezimalzahlen mit natürlichen Zahlen multiplizieren

1. Notiere zur abgebildeten Rechnung eine passende Frage und eine Antwort.

F: ______________________________

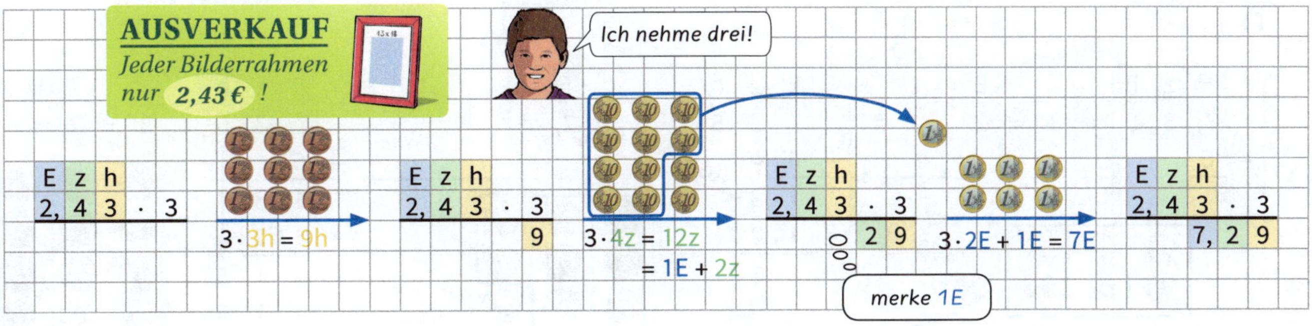

A: ______________________________

2. Wie viel Euro sind es?

a) 

$3 \cdot 0{,}50\,€ =$ ______

b) 

$2 \cdot 0{,}15\,€ =$ ______

c) 

$3 \cdot 1{,}20\,€ =$ ______

3. Setze im Ergebnis das Komma an die richtige Stelle.

a)

4,	1	3	·	2
	8	2	6	

b)

2	8,	6	·	4
1	1	4	4	

c)

9,	4	2	·	1	2
	9	4	2	0	
	1	8	8	4	
1	1	1			
1	1	3	0	4	

d)

0,	3	7	·	8	4
2	9	6	0		
	1	4	8		
1	1				
3	1	0	8		

4. Multipliziere schriftlich.

a) 6, 8 5 · 3

b) 3, 1 0 9 · 7

c) 5, 0 1 4 · 6

d) 1 4, 3 1 · 9

e)

7,	4	2	·	3	1
2	2	2	6	0	
		7	4	2	

f) 1, 0 4 · 7 2

g) 7, 0 9 · 9 2

h) 5, 1 4 · 2 6

5. Berechne den Gesamtpreis im Kopf. Notiere jeweils, wie du gerechnet hast.

a) 

Luis kauft neun Kuchenstücke zu je 2,25 €.

Rechnung: ______________________________

Gesamtpreis: ______________________________

b) 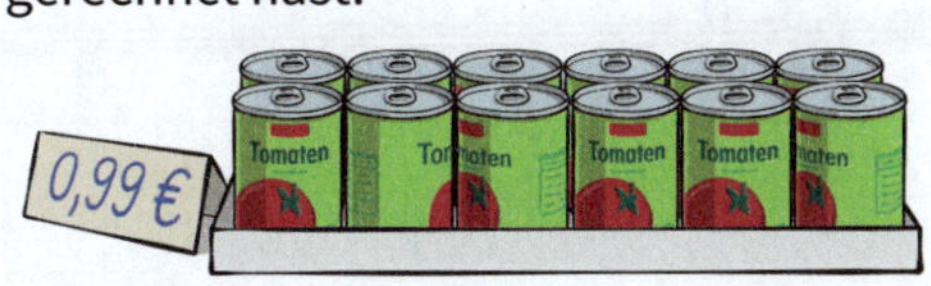

Marla kauft 12 Dosen Pizzatomaten zu je 0,99 €.

Rechnung: ______________________________

Gesamtpreis: ______________________________

Dezimalzahlen durch natürliche Zahlen dividieren

1. Sarah, Aleyna und Rima kaufen im Kino eine Tüte Popcorn für 7,35 €. Die Kosten wollen sie gerecht untereinander aufteilen. Notiere zur abgebildeten Rechnung eine passende Frage und eine Antwort.

F: ______________________

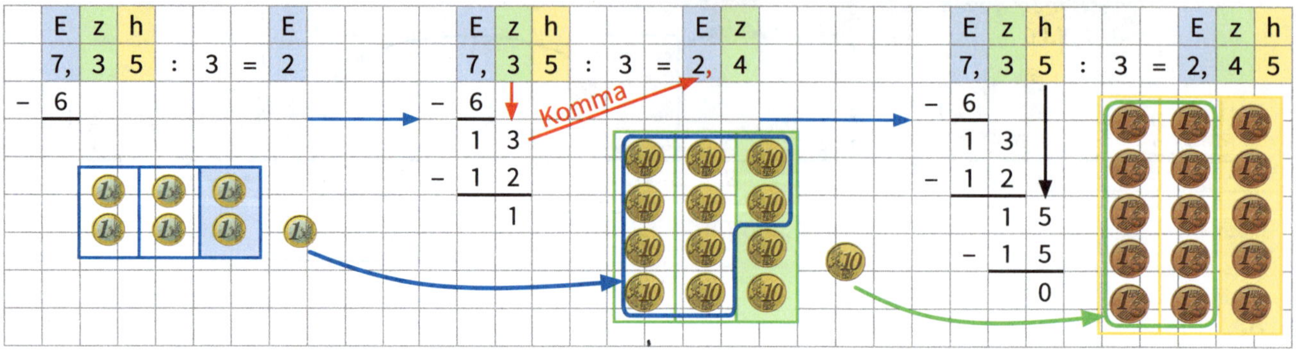

A: ______________________

2. Berechne im Kopf.

a) 8,40 € : 2 = ______ b) 4,50 € : 3 = ______ c) 0,08 € : 4 = ______ d) 24,82 € : 2 = ______

e) 15,50 € : 5 = ______ f) 7,07 € : 7 = ______ g) 0,36 € : 6 = ______ h) 0,30 € : 2 = ______

3. Dividiere schriftlich.

a)
9, 9 4 4 : 8 = *1, 2*
– *8*
1 9
– *1 6*
–
–

b)
8, 0 0 5 : 5 =
–
–
–
–

4. Rechne schriftlich. Denke an die Nullen. Kontrolliere dein Ergebnis mit einem Überschlag.

a) *Bei Bedarf Nullen ergänzen.*
↓
2 3, 7 *0* : 6 = *3,*
– *1 8*
5 7
–
3 0
–
0
Ü: 2 4 : 6 =

b)
3 1, 9 : 4 =
–
–
–
–
Ü:

5. Im Ergebnis fehlt das Komma. Setze es richtig ein. Streiche überflüssige Nullen.

a) 5,97 : 6 = 0 0 9 9 5 0 0
b) 1,304 : 4 = 0 0 0 3 2 6 0
c) 156,32 : 8 = 0 0 1 9 5 4 0
d) 0,1782 : 9 = 0 0 1 9 8 0 0
e) 15,19 : 7 = 0 0 2 1 7 0 0
f) 134,15 : 100 = 0 0 1 3 4 1 5

Digital+ WES-128745-158

SB S. 158 – 161

Vom Bruch zur Dezimalzahl

1. Schreibe zuerst als Divisionsaufgabe und berechne dann die Dezimalzahl.

a) $\frac{20}{8}$ = ______ b) $\frac{84}{5}$ = ______

BEISPIEL

$\frac{38}{4} = 9{,}5$

Nebenrechnung:

	3	8,	0	:	4	=	9, 5
−	3	6					
		2	0				
	−	2	0				
			0				

2. Immer drei Zahlen gehören zusammen. Färbe sie in der gleichen Farbe.

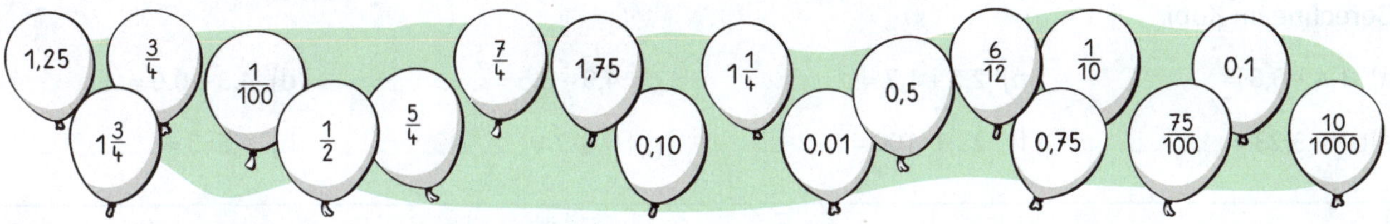

3. Bestimme die Periode. Achte bei der Division auf gleiche Reste.

a) $\frac{2}{9}$ = ______ b) $\frac{7}{6}$ = ______

BEISPIEL

$\frac{1}{6} = 0{,}1\overline{6}$

	1	:	6	=	0,	1 $\overline{6}$
−	0					
	1	0				
−		6				
		4	0			
	−	3	6			
			4			

gleicher Rest

4. Schreibe zuerst als Bruch und bestimme dann die Dezimalzahl.

a) $2\frac{3}{5} = \frac{13}{5}$ = ______ b) $4\frac{3}{8}$ = ______ = ______ c) $2\frac{5}{6}$ = ______ = ______

1 3 : 5 =

5. Zu jedem Bruch gehört eine periodische Dezimalzahl. Färbe sie in derselben Farbe.

Aufgabe 1 – 4

1. Finde die Begriffe zum Rechnen mit Brüchen und Dezimalzahlen und färbe sie. Du findest sie senkrecht oder waagerecht, vorwärts oder rückwärts.

- ☐ Zehntel
- ☐ Hundertstel
- ☐ Hauptnenner
- ☐ stellenweise
- ☐ Endnull
- ☐ periodisch
- ☐ abbrechend

C	K	U	A	V	C	W	M	C	B	I	F	Z	P
F	V	L	L	B	M	Z	H	Z	O	I	A	O	E
H	A	U	P	T	N	E	N	N	E	R	X	C	R
U	Y	G	J	E	H	H	H	I	K	L	L	E	I
U	R	S	A	S	E	N	D	N	U	L	L	Z	O
G	A	L	E	T	S	T	R	E	D	N	U	H	D
A	T	A	B	B	R	E	C	H	E	N	D	K	I
J	E	B	N	M	B	L	T	R	E	A	W	K	S
E	E	S	I	E	W	N	E	L	L	E	T	S	C
S	M	V	Q	T	C	P	A	I	Y	J	T	Z	H

2. Berechne im Kopf.

a) $1,4 + 0,8 =$ ____ b) $2,1 + 1,7 =$ ____ c) $4,9 - 3,5 =$ ____ d) $4,3 - 0,6 =$ ____

e) $10 \cdot 9,23 =$ ____ f) $23,1 : 100 =$ ____ g) $0,6 \cdot 7 =$ ____ h) $4,5 : 3 =$ ____

3. Korrigiere den Test. Streiche die Fehler an und berichtige sie. Wie viele Punkte würdest du vergeben?

1. Berechne.

a) $\frac{1}{7} + \frac{2}{3} = \frac{3}{10}$ b) $3 \cdot \frac{2}{9} = \frac{2}{3}$ c) $\frac{12}{20} : 4 = \frac{3}{80}$

d) $1,3 + 2,15 = 2,18$ e) $4,1 - 1,3 = 3,8$ f) $2,02 \cdot 5 = 10,10$

Punkte: ____ von 6

2. Wandle in eine Dezimalzahl um.

a) $\frac{51}{4} = 127,5$ b) $\frac{11}{6} = 1,\overline{73}$

```
 51 : 4 = 127,5          11 : 6 = 1,73 (Periode über 73)
- 4                     - 6
 11                       50
-  8                    - 48
   30                      20
 - 28                    - 18
    20                      20
  - 20
     0
```

Punkte: ____ von 4

4. Rechne schriftlich. a) $49,87 + 263,5$ b) $264,7 - 36,28$ c) $4,53 \cdot 27$

Aufgabe 5 - 9

5. Ergänze die fehlende Zahl.

a) $\frac{2}{13} \cdot$ ______ $= \frac{12}{13}$ b) ______ $\cdot 0{,}35 = 2{,}8$ c) $4{,}8 :$ ______ $= 1{,}2$ d) $\frac{2}{9} :$ ______ $= \frac{2}{63}$

6. Achte auf die Vorfahrtregeln beim Rechnen. Gib das Ergebnis auch als gemischte Zahl an.

a) $4 \cdot \left(\frac{1}{3} + \frac{1}{5}\right)$ b) $\frac{16}{9} : 2 + \frac{5}{12} : 3$ c) $\left(1 - \frac{2}{9}\right) \cdot 7$

7. Lina teilt sich mit fünf Freundinnen 3 Pizzas, die jeweils 9,50 € kosten. Den Gesamtpreis teilen sie gerecht untereinander auf. Wie viel Euro muss jedes Mädchen bezahlen?

A: ______

8. Berechne das Gewicht von Lauras Schultasche.

0,75 kg   je 0,546 g   0,258 kg   je 0,088 kg   0,15 kg

A: ______

9. Immer zwei Zahlen sind gleichwertig. Färbe die Felder mit dem gleichen Wert in der gleichen Farbe.

$\frac{11}{9}$ 1,21 $\frac{5}{4}$ $1{,}\overline{2}$ $\frac{6}{5}$ $\frac{121}{100}$ 1,25   1,2

Aufgabe 10

10. Berechne die fehlende Zahl.

a) $\frac{1}{6} +$ ___ $+ \frac{1}{8} = \frac{1}{3}$ b) $\frac{1}{2} -$ ___ $- \frac{1}{10} = \frac{1}{3}$ c) $3{,}72 +$ ______ $+ 31{,}984 = 55{,}5$

Umfang und Flächeninhalt von Rechteck und Quadrat

1.

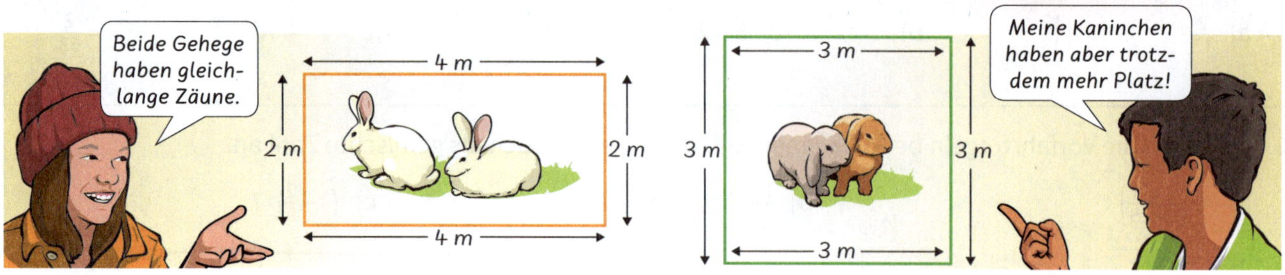

Berechne für beide Gehege den Umfang u und den Flächeninhalt A. Ergänze die angefangenen Rechnungen.

u = 2 · a + 2 · b		A = a · b		u = 4 · a		A = a · a					
u = 2 · ___ + 2 · ___		A = ___ · ___		u = 4 · ___		A = ___ · ___					
u = ___		A = ___		u = ___		A = ___					

2. Miss die Länge und Breite des Rechtecks. Berechne dann den Umfang u und Flächeninhalt A.

a) 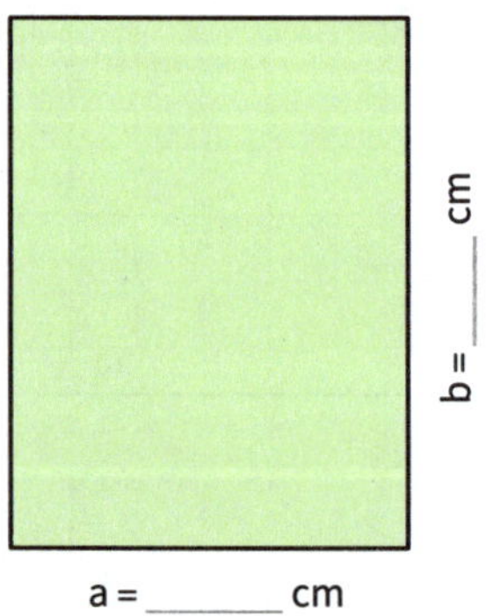

b) 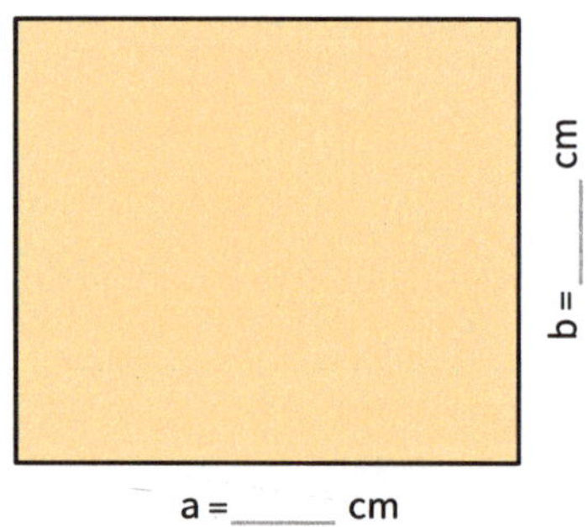

a)	u	=
	A	=
b)	u	=
	A	=

3. Zeichne die Rechtecke so, dass der Umfang immer 12 cm beträgt. Berechne dann den Flächeninhalt.

a) 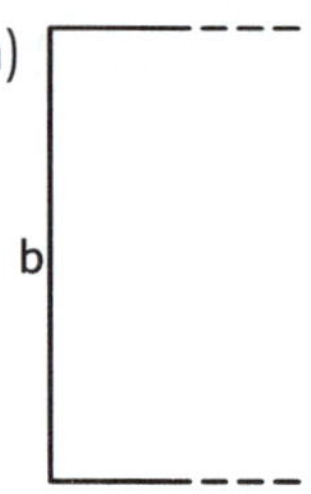

b	=	3 cm
a	=	
A	=	

b) 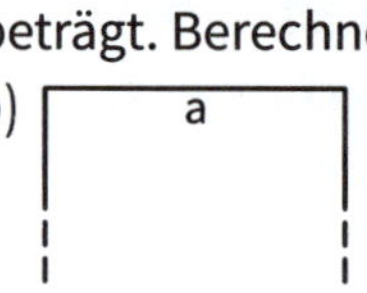

a	=	2 cm
b	=	
A	=	

4. Berechne die fehlenden Größen des Rechtecks.

a)	a = 7 cm	u = 17 cm	b)	b = 7 m	A = 38,5 m^2
	b =			a =	
	A =			A =	
c)	b = 80 cm	u = 4 m	d)	a = 40 cm	A = 2,4 m^2
	a =			b =	
	A =			u =	

Zusammengesetzte Figuren

1. Paul und Alina haben den Flächeninhalt der blauen Fläche auf unterschiedliche Weise berechnet.

a) Setze die Wortkärtchen passend in Pauls und Alinas Erklärungen ein.

addiere | subtrahiere | ergänze | zerlege

Paul: Ich ____________ die blaue Fläche in zwei Rechtecke. Dann berechne ich die beiden Flächeninhalte und ____________ sie zum gesamten Flächeninhalt.

Alina: Ich ____________ die blaue Fläche zunächst zu einem Quadrat und berechne den Flächeninhalt. Dann berechne ich den Flächeninhalt der ergänzten Fläche und ____________ ihn vom Flächeninhalt des Quadrats.

b) Ergänze in Pauls und Alinas Rechnungen die fehlenden Werte und gib den blauen Flächeninhalt an.

Paul

A_1	=	4	c	m	·	3	c	m
	=	___		c	m^2			
A_2	=	7	c	m	·	___	c	m
	=	___		c	m^2			
A	=	A_1	+	A_2				
	=	___		c	m^2			

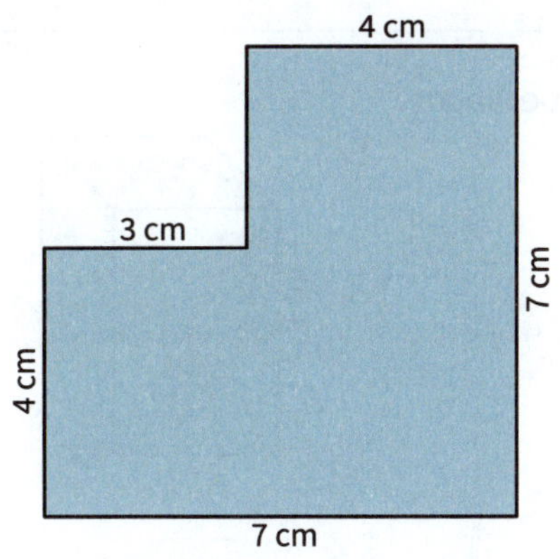

A = ____________

Alina

A_3	=	7	c	m	·	7	c	m
	=	___		c	m^2			
A_4	=	3	c	m	·	___	c	m
	=	___		c	m^2			
A	=	A_3	−	A_4				
	=	___		c	m^2			

2. Berechne den Flächeninhalt der zusammengesetzten Figur.

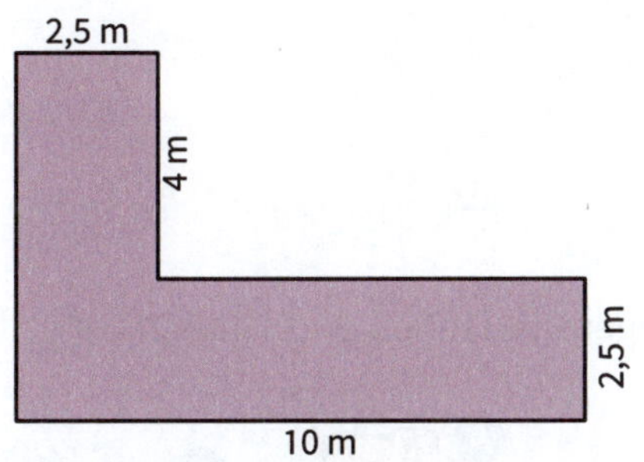

3. Berechne den Flächeninhalt der Figur. Zuerst zerlegst oder ergänzt du sie geeignet, dann misst du die für deine Rechnung benötigten Längen.

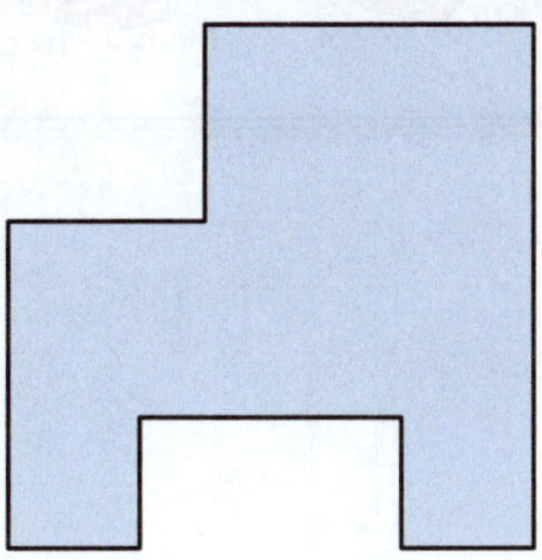

Oberflächeninhalt des Quaders und des Würfels

1. a) Beschrifte die Seitenlängen im Quadernetz. Färbe die Flächen im Quadernetz passend zum Schrägbild in blau, grün und rot.
b) Berechne die Oberfläche des Quaders.

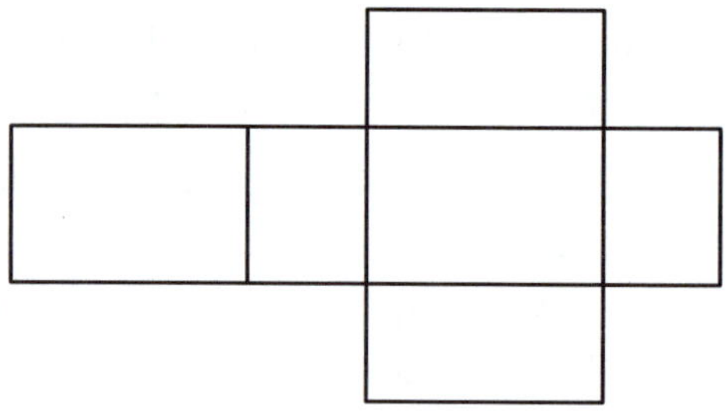

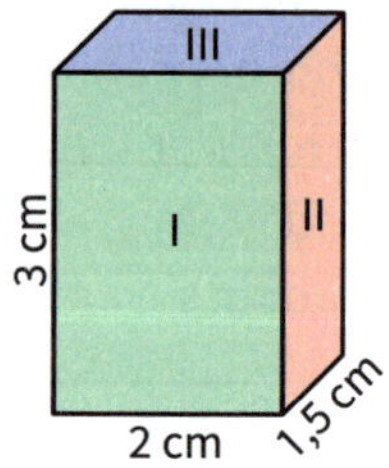

A_I = 2 cm · 3 cm = ______ $2 \cdot A_I = 2 \cdot$ ______ = ______

A_{II} = ______ · ______ = ______ $2 \cdot A_{II} = 2 \cdot$ ______ = ______

A_{III} = ______ · ______ = ______ $2 \cdot A_{III} = 2 \cdot$ ______ = ______

Summe: O = ______

2. Welcher Quader hat die größte Oberfläche?

A

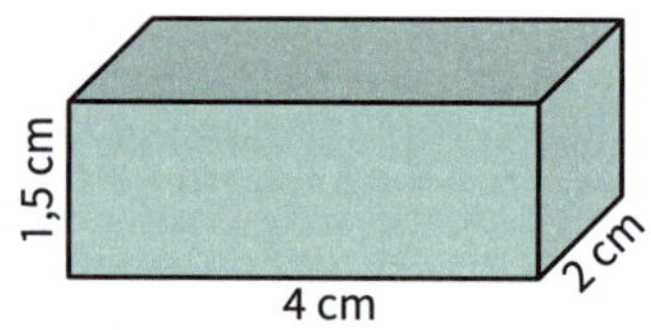

B

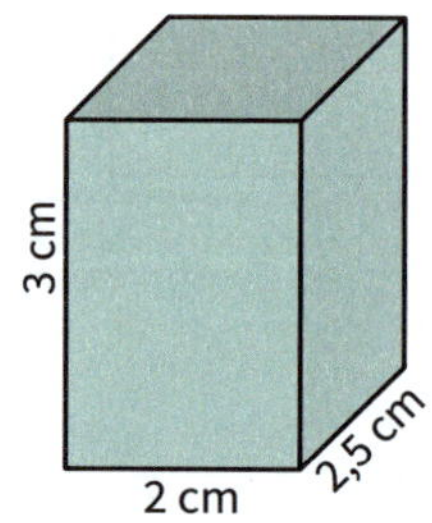

C

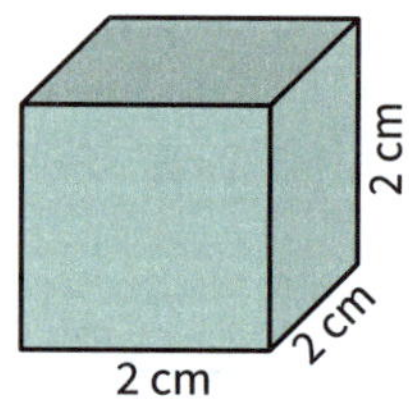

3. Eine Getränkefirma möchte Orangensaft in Tetrapacks füllen. Für 1 ℓ Orangensaft stehen zwei Größen zur Auswahl. Bei welchem Tetrapack spart die Firma Verpackungsmaterial?

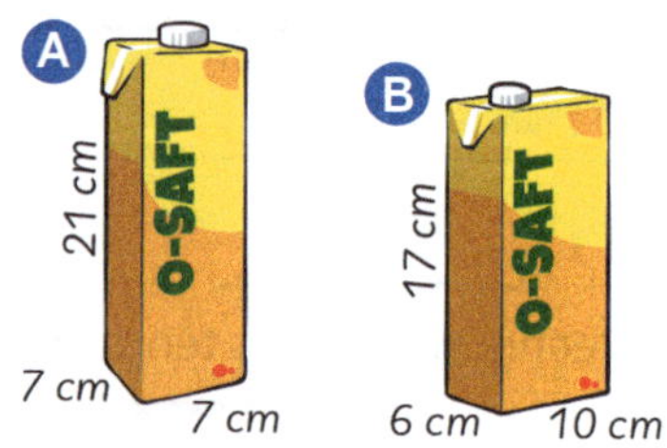

4. Luca hat die Oberfläche eines Quaders berechnet. Wie hoch ist der Quader?

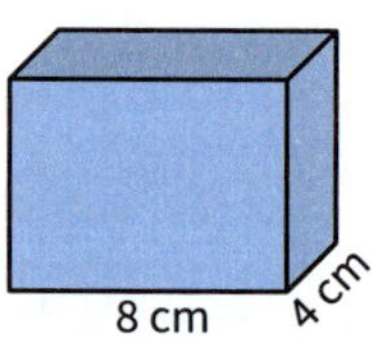

$O = 208\ cm^2$

c = ______

SB S. 180 – 181

Rauminhalte vergleichen

1. Die drei Transporter haben gleich große Kisten geladen. Welcher Transporter hat das größte Ladevolumen? Welcher das kleinste? Zähle ab.

Transpoter A *Transporter B* *Transporter C*

_____ Kisten _____ Kisten _____ Kisten

Antwort: Transporter _____ hat das größte Ladevolumen, Transporter _____ hat das kleinste Ladevolumen.

2. Maries kleiner Bruder hat aus Legosteinen kleine Türmchen gebaut. Bestimme jeweils die Anzahl der Legosteine und sortiere die Türmchen nach ihrem Rauminhalt (Volumen) von klein nach groß. Du erhältst ein Lösungswort.

I

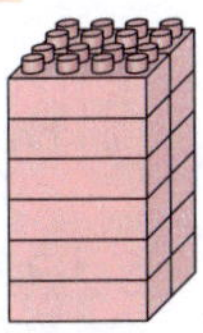

_____ Steine

E

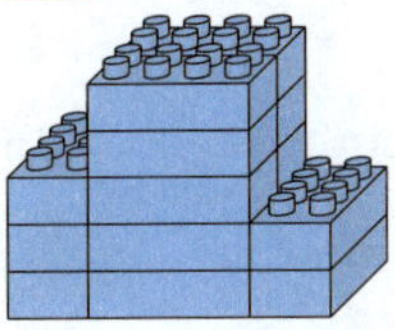

_____ Steine

R

_____ Steine

L

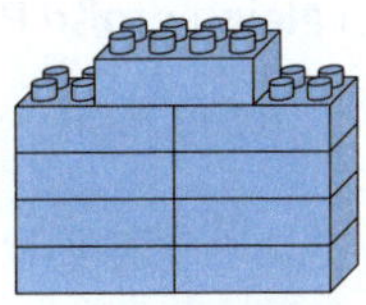

_____ Steine

T

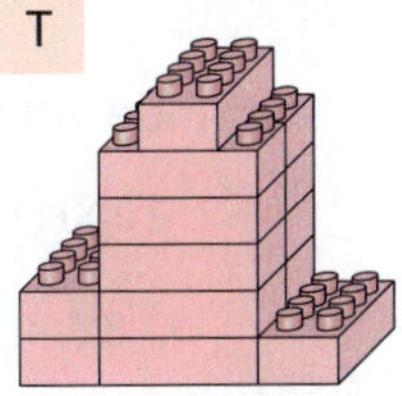

_____ Steine

Lösungswort: _______________

3. Wie viele Würfel passen in die Box?

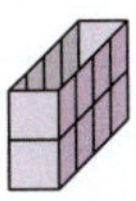

_____ Würfel

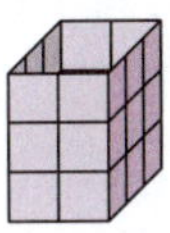

_____ Würfel

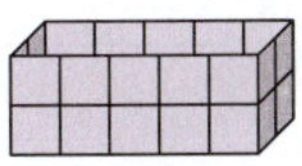

_____ Würfel

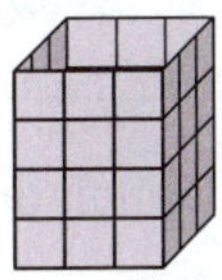

_____ Würfel

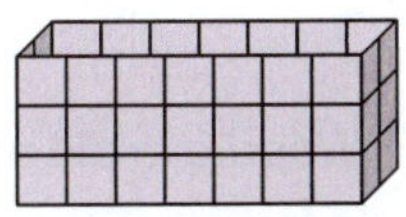

_____ Würfel

4. a) Bestimme, aus wie vielen Würfeln sich die Körper zusammensetzen?

A

_____ Würfel

B

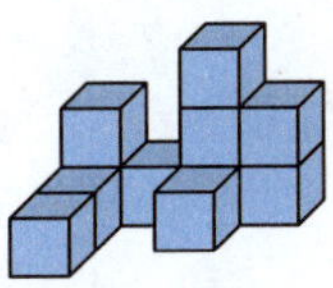

_____ Würfel

C

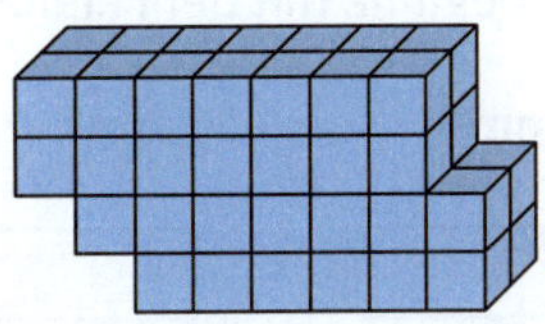

_____ Würfel

D

_____ Würfel

b) Wie viele Würfel musst du mindestens ergänzen, damit du jeweils einen vollständigen Quader erhältst?

Körper A: _____ Körper B: _____ Körper C: _____ Körper D: _____

Volumeneinheiten

1. Ergänze.

$1\ m^3 = 1000$ ______ ______ $dm^3 = 1000\ cm^3$ $1\ cm^3 =$ ______ mm^3

2. Ordne den Gegenständen den passenden Rauminhalt zu. Die Buchstaben ergeben ein Lösungswort.

$1\,440\ dm^3$ | R $4\ cm^3$ | R $37\ m^3$ | H $24\ dm^3$ | O $769\ cm^3$ | G $72\ dm^3$ | N $65\ mm^3$ | I

______ ______ ______ ______ ______ ______ ______

3. Verbinde immer zwei gleich große Rauminhalte.

a)

$8\,000\ cm^3$	$8\,000\ mm^3$
$8\ cm^3$	$8\ dm^3$
$80\ cm^3$	$80\,000\ mm^3$

b)

$77\ cm^3$	$770\ cm^3$
$770\ dm^3$	$77\,000\ mm^3$
$770\,000\ mm^3$	$770\,000\ cm^3$

c)

$15\,000\ cm^3$	$1\,500\ mm^3$
$1\,500\ cm^3$	$1{,}5\ dm^3$
$1{,}5\ cm^3$	$15\ dm^3$

4. Wandle in die nächstgrößere Einheit um.

$2\,000\ cm^3 = 2\ dm^3$

a) $7\,000\ mm^3 =$ ______ b) $90\,000\ mm^3 =$ ______

c) $670\,000\ cm^3 =$ ______ d) $9\,000\,000\ cm^3 =$ ______ e) $4\,570\,000\ mm^3 =$ ______

5. Wandle in die nächstkleinere Einheit um.

$31\ dm^3 = 31\,000\ cm^3$

a) $6\ dm^3 =$ ______ b) $90\ cm^3 =$ ______

c) $53\ dm^3 =$ ______ d) $467\ cm^3 =$ ______ e) $1\,100\ cm^3 =$ ______

6. Sortiere der Größe nach. Beginne mit dem kleinsten Volumen.

$24\ cm^3$ $2\,400\ mm^3$ $2\ dm^3$ $0{,}24\ dm^3$ $97\,000\ cm^3$ $970\,000\ mm^3$

☐ < ☐ < ☐ < ☐ < ☐ < ☐

7. Wandle in die angegebene Einheit um.

a) $45\ dm^3\ 711\ mm^3 =$ ______ dm^3 b) $23\,000\ mm^3 =$ ______ dm^3

c) $90\ mm^3 =$ ______ cm^3 d) $987\ dm^3\ 600\ mm^3 =$ ______ cm^3

e) $9\,800\,000\ mm^3 =$ ______ dm^3 f) $766\ mm^3 =$ ______ dm^3

Volumen des Quaders und des Würfels

1. Ein kleiner Würfel ist 1 cm^3 groß. Aus wie vielen cm^3 bestehen die Quader?

a)

V = ______ cm^3

b)

V = ______ cm^3

c)

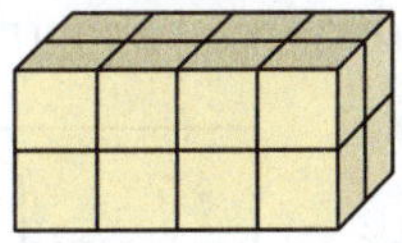

V = ______ cm^3

d)

V = ______ cm^3

2. Berechne das Volumen des Quaders und des Würfels.

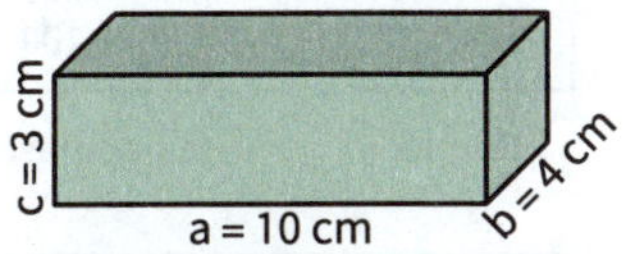

V = ______ · ______ · ______

V = ______

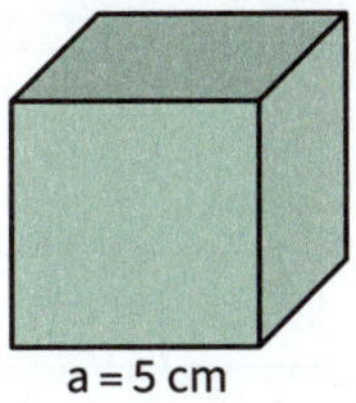

V = ______ · ______ · ______

V = ______

3. Berechne das Volumen der vier abgebildeten quaderförmigen Päckchen. Alle Angaben sind in cm.

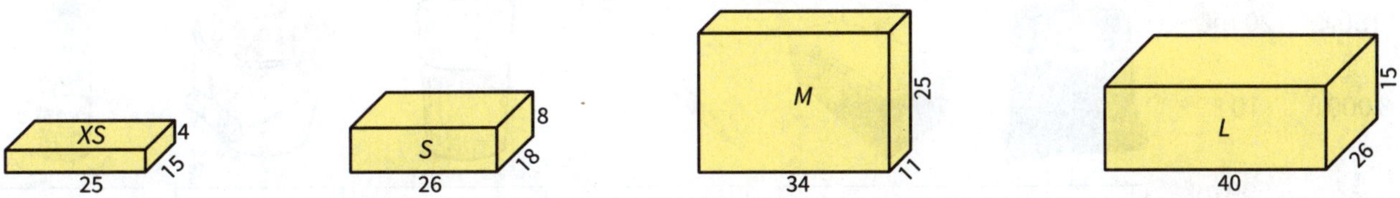

6. Wie viele Kisten bekommt man in den Container?

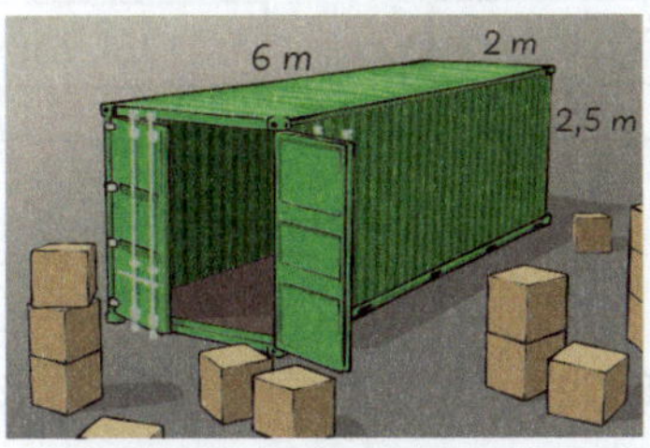

Maße Kiste:
50 cm x 50 cm x 50 cm

A: ______

7. Berechne die fehlende Größe des Quaders.

	a)	b)	c)
a		4 dm	2,5 cm
b	5 m		10 cm
c	6 m	8 dm	
V	180 m^3	64 dm^3	175 cm^3

Liter und Milliliter

TIPP
$1\ \ell = 1\ dm^3$ $1\ \ell = 1\,000\ m\ell$
$1\ m\ell = 1\ cm^3$ $1\ dm^3 = 1\,000\ cm^3$

1. Lucy mixt für ihre Geburtstagsfeier eine Fruchtbowle.
Färbe die Volumenangaben in den Messbechern.

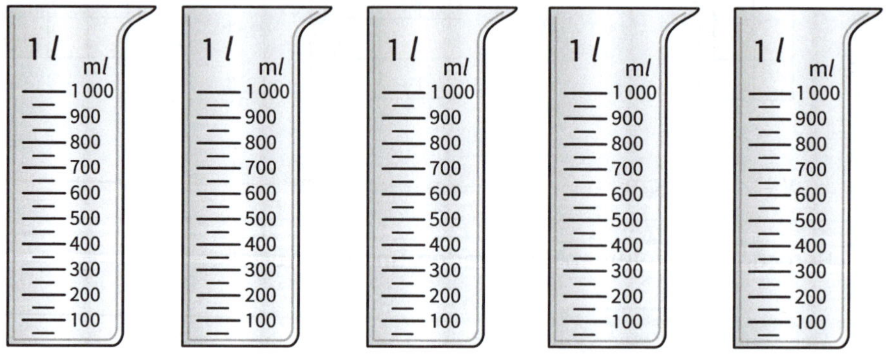

Orangensaft | Ananassaft | Apfelsaft | Wasser | Maracujasaft

2. Wandle in die angegebene Einheit um.

a) 4 ℓ = ______ mℓ b) 20 ℓ = ______ mℓ c) 0,7 ℓ = ______ mℓ

d) 3 000 mℓ = ______ ℓ e) 1 500 mℓ = ______ ℓ f) 50 000 mℓ = ______ ℓ

3. Welches Volumen passt am besten? Ordne zu.

150 ℓ | 20 mℓ
3 000 ℓ | 10 ℓ
$\frac{1}{4}$ ℓ | 1 500 mℓ

4. Jeweils drei Volumenangaben sind gleich. Färbe sie in der gleichen Farbe.

1 000 cm^3	500 mℓ	500 cm^3	1 000 mℓ	1 500 cm^3
5 ℓ	1 ℓ	$\frac{1}{4}$ ℓ	5 dm^3	$\frac{1}{2}$ ℓ
1 500 mℓ	250 cm^3	5 000 mℓ	1,5 ℓ	250 mℓ

5. Wandle um.

a) $\frac{1}{5}$ ℓ = ______ mℓ b) $\frac{1}{8}$ ℓ = ______ mℓ c) $\frac{3}{4}$ ℓ = ______ mℓ d) $\frac{7}{20}$ ℓ = ______ mℓ

6. Wandle in die angegebene Einheit um.

a) 5 600 cm^3 = ______ mℓ = ______ ℓ b) 1 875 cm^3 = ______ mℓ = ______ ℓ

c) 7 400 ℓ = ______ dm^3 = ______ m^3 d) 3 800 ℓ = ______ dm^3 = ______ m^3

e) 15 m^3 = ______ dm^3 = ______ ℓ f) ______ m^3 = 3 600 dm^3 = ______ ℓ

Digital+ WES-128745-188

SB S. 192 – 193

Volumen von zusammengesetzten Körpern

1. Anna und Cem nutzen verschiedene Rechenwege, um das Volumen des Körpers zu berechnen.

a) Ergänze Annas und Cems Rechnungen.

Anna

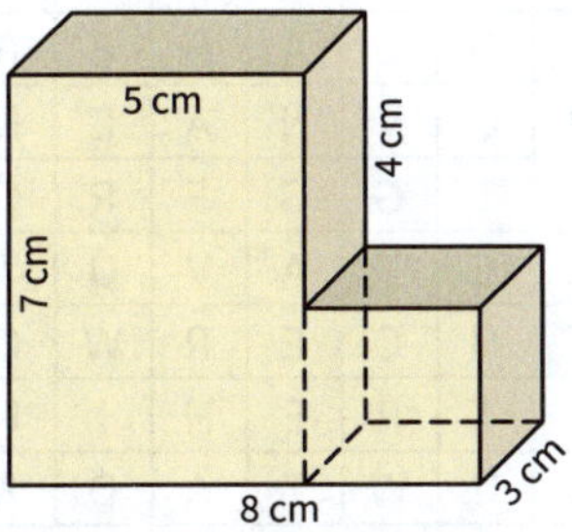

$V_1 = 5\,cm \cdot 3\,cm \cdot 7\,cm$ $\qquad$ $V_2 = 3\,cm \cdot 3\,cm \cdot 3\,cm$

$=$ ____ cm^3 $\qquad$ $=$ ____ cm^3

$V =$ ____ $cm^3 +$ ____ $cm^3 =$ ____ cm^3

Cem

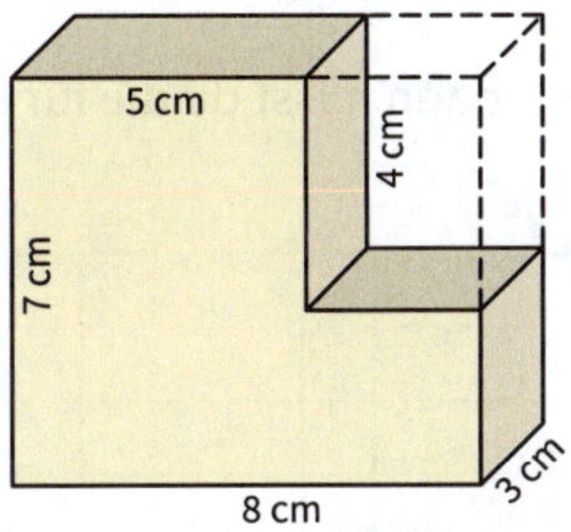

$V_1 = 8\,cm \cdot 3\,cm \cdot 7\,cm$ $\qquad$ $V_2 = 3\,cm \cdot 3\,cm \cdot 4\,cm$

$=$ ____ cm^3 $\qquad$ $=$ ____ cm^3

$V =$ ____ $cm^3 -$ ____ $cm^3 =$ ____ cm^3

b) Anna und Cem erklären ihre Rechenwege. Setze die Wortkärtchen passend ein.

Volumen | addiere | subtrahiere | ergänze | zerlege | Würfel

Anna: „ Ich ______ den Körper in einen Quader und einen ______ . Dann berechne ich ihre Volumina und ______ sie zum Gesamtvolumen."

Cem: „ Ich ______ den Körper zu einem Quader und berechne sein ______ . Dann berechne ich das Volumen des ergänzten Körpers und ______ es.

2. Berechne das Volumen des zusammengesetzten Körpers.

a)

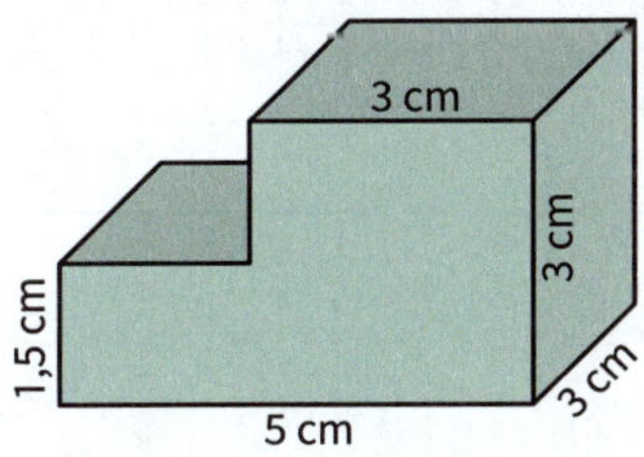

b)

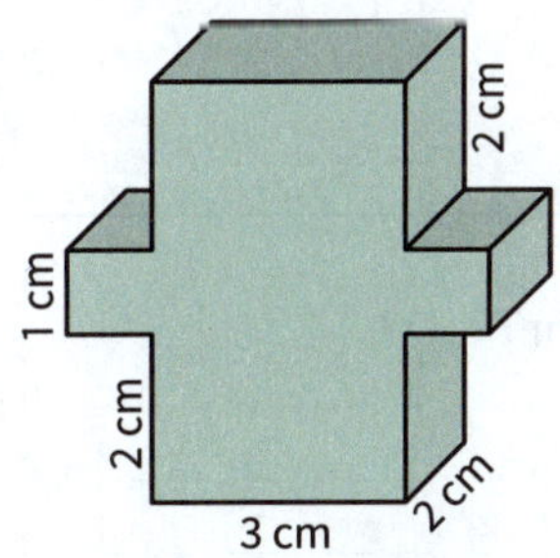

c)

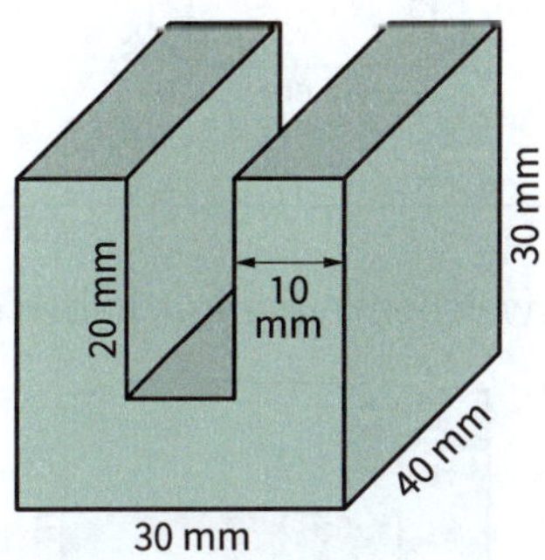

a) V = ______ $\qquad$ b) V = ______ $\qquad$ c) V = ______

Aufgabe 1 - 4

1. Finde die Begriffe der Geometrie und färbe sie. Du findest sie senkrecht oder waagerecht, vorwärts oder rückwärts.

- ☐ Rechteck
- ☐ Fläche
- ☐ Volumen
- ☐ Quader
- ☐ Umfang
- ☐ Würfel

T	R	A	E	N	E	M	U	L	O	V	L
W	E	T	X	K	S	F	M	I	A	P	O
U	D	W	R	I	P	R	F	A	R	E	B
G	P	E	Q	P	Q	U	A	D	E	R	F
I	Ö	F	H	B	C	V	N	A	C	N	D
L	G	L	N	D	I	G	G	F	R	Ö	W
O	D	Ä	E	C	C	T	A	V	U	T	E
K	K	C	E	T	H	C	E	R	W	O	R
T	H	H	Ü	L	T	R	E	H	I	H	E
E	L	E	F	R	Ü	W	T	A	D	K	Z

2. Berechne den Flächeninhalt der Figur. Zuerst zerlegst oder ergänst du sie geeignet, dann misst du die für deine Rechnung benötigten Längen.

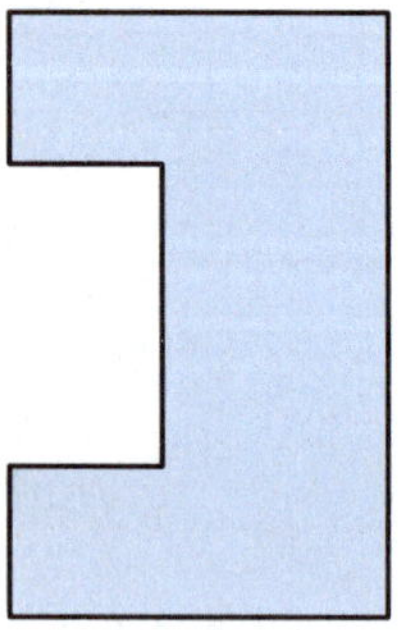

3. Berechne die Oberfläche des Quaders.

a)

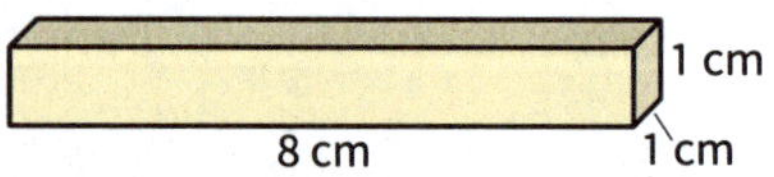

O = ________

b)

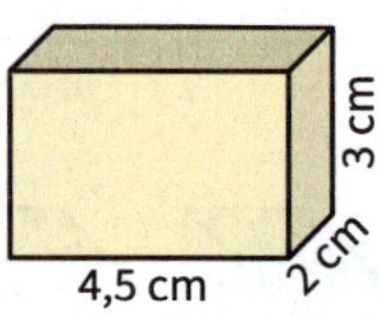

O = ________

4. In welchem Aquarium haben die Fische mehr Platz?

A

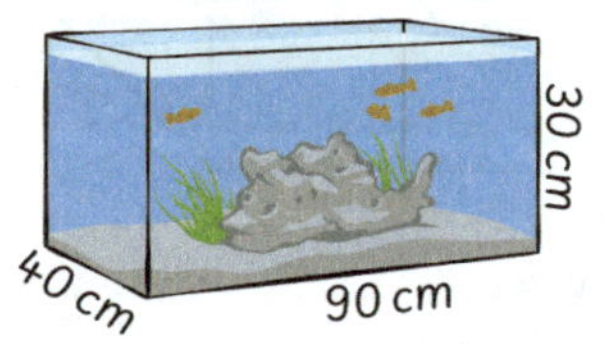

B

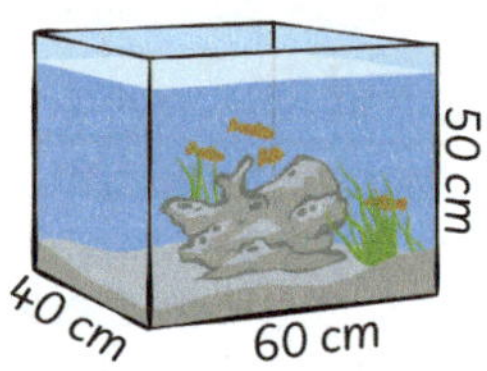

Antwort: ________________________________

SB S. 197 – 199

Aufgabe 5 – 6

5. Viele Schulbusse sind etwa 12 m lang und 2,50 m breit und haben näherungsweise eine rechteckige Plattformfläche.

a) Berechene den Flächeninhalt der Plattform.

b) Es können 100 Fahrgäste mit dem Bus befördert werden. Berechne, wie viel m^2 Platz jeder Fahrgast hat, wenn du für den Busfahrer 5 m^2 von der Gesamtfläche subtrahierst.

6. Im Werkunterricht werden neue Sitzgelegenheiten für die Pausenhalle gefertigt. Die Sitze sind hohle Holzquader.

a) Für welchen Körper braucht man mehr Holz?

b) Welcher Körper hat das größere Volumen?

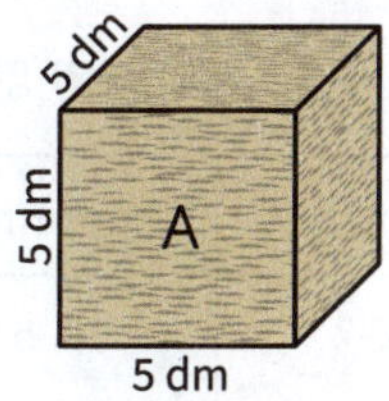

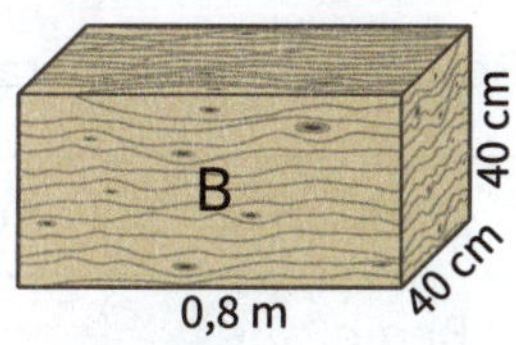

Antwort: ______________________________

Aufgabe 7 – 8

7. Berechne die Höhe c und die Oberfläche O des Quaders.

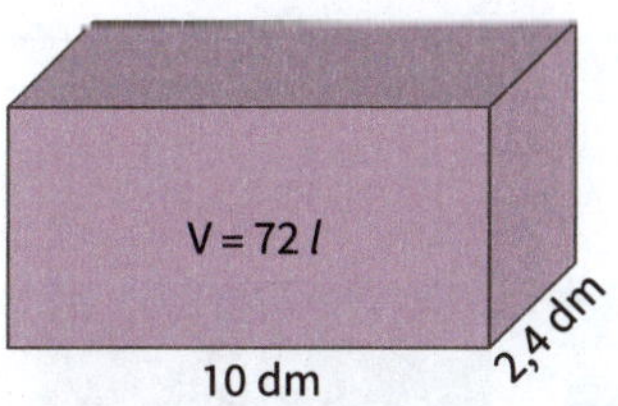

8. Berechne möglichst geschickt, wie viel Kubikmeter Beton für das Treppenelement benötigt werden.

a)

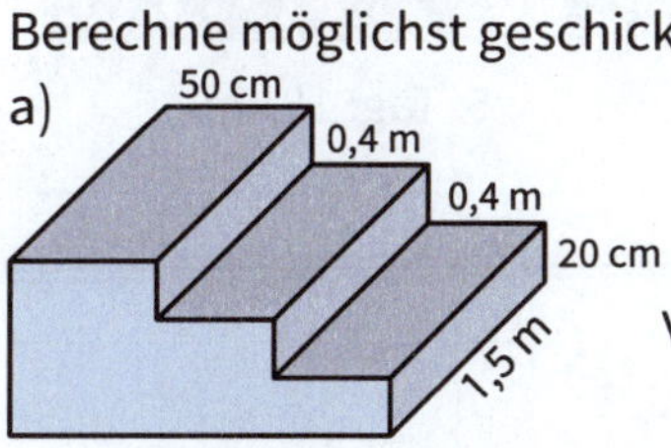

V = ____________

b)

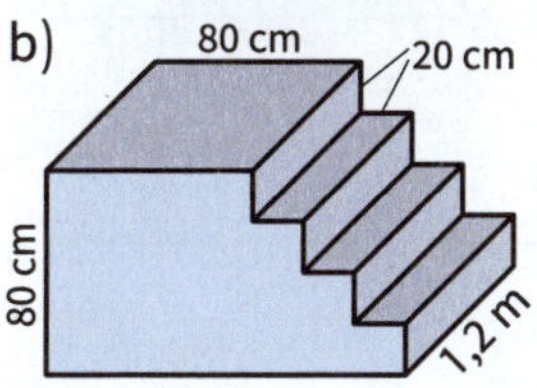

V = ____________

Minimum, Maximum und Spannweite

1. Ordne die Daten der Größe nach in einer Rangliste und bestimme Maximum, Minimum und die Spannweite.

		Rangliste	Maximum	Minimum	Spannweite
	5; 2; 11; 7; 6	2; 5; 6; 7; 11	11	2	11 – 2 = 9
a)	16; 11; 23; 10; 19				
b)	7; 1; 3; 100; 5				
c)	200; 40; 60; 10				
d)	13; 10; 12; 17; 10				

2. Bestimme für Temperaturen und Regenmengen jeweils Minimum, Maximum und Spannweite.

Stadt	Temperatur	Regenmenge
Berlin	19 °C	5 ℓ
Hamburg	15 °C	11 ℓ
München	14 °C	9 ℓ
Köln	22 °C	2 ℓ
Frankfurt	18 °C	5 ℓ
Stuttgart	16 °C	7 ℓ
Düsseldorf	21 °C	1 ℓ
Leipzig	20 °C	3 ℓ
Hannover	17 °C	6 ℓ

Temperaturen

Minimum: ____

Maximum: ____

Spannweite: ____

Regenmenge

Minimum: ____

Maximum: ____

Spannweite: ____

3. Alex und Orhan haben einen 5-tägigen Ausflug mit dem Fahrrad gemacht.

1. Tag: 24 km

2. Tag: 38 km

3. Tag: 60 km

4. Tag: 45 km

5. Tag: 18 km

a) Berechne die Länge der Gesamtstrecke.

____

b) Berechne den Unterschied zwischen der kürzesten und der längsten Tagesstrecke (Spannweite).

____

Arithmetisches Mittel und Median

1. Beim Sporttag werden die Ergebnisse im Seilhüpfen notiert

rote Gruppe: 30; 15; 20; 42; 28
blaue Gruppe: 25; 31; 23; 27; 24
grüne Gruppe: 17; 11; 29; 16; 22; 16; 29

a) Berechne das arithmetische Mittel für die rote Gruppe.

Summe aller Werte: 135 Anzahl der Werte: 5

arithmetisches Mittel (rote Gruppe): 27

b) Berechne das arithmetische Mittel für die blaue Gruppe.

Summe aller Werte: ________ Anzahl der Werte: ________

arithmetisches Mittel (blaue Gruppe): ________

c) Berechne das arithmetische Mittel für die grüne Gruppe.

Summe aller Werte: ________ Anzahl der Werte: ________

arithmetisches Mittel (blaue Gruppe): ________

a) 30 + 15 + 20 + 42 + 28 = 135

$\frac{135}{5} = 27$

2. Die Wurfweiten beim Sporttag sind der Größe nach sortiert als Rangliste gegeben. Bestimme den Median, indem du die jeweils äußeren Werte durchstreichst.

a) ~~9 m~~; ~~12 m~~; ~~14 m~~; ~~15 m~~; (17 m); ~~20 m~~; ~~24 m~~; ~~29 m~~; ~~33 m~~ Median: ________

b) 13 m; 13 m; 15 m; 16 m; 18 m; 19 m; 19 m; 25 m; 26 m; 31 m; 34 m Median: ________

c) 18 m; 18 m; 19 m; 20 m; 21 m; 26 m; 27 m; 29 m; 31 m Median: ________

3. Eine Handballmannschaft hat in den neun Spielen der Hinrunde folgende Anzahlen an Toren erzielt:
23; 31; 28; 10; 31; 29; 17; 29; 27.

a) Erstelle eine Rangliste und kreise den Median ein.

☐ ☐ ☐ ☐ ☐ ☐ ☐ ☐ ☐

b) Wie viele Tore erzielte die Mannschaft im Durchschnitt?

Anzahl der Tore im Durchschnitt: ________

4. Der Mathematiktest wird zurückgegeben. Berechne den Median und den Mittelwert für den abgebildeten Notenspiegel.

Note	1	2	3	4	5	6
Anzahl	5	6	4	1	3	3

Median: ________ Mittelwert: ________

Absolute und relative Häufigkeiten

1. Ben, Vanessa und Tim üben Freiwürfe im Basketball. Bestimme für jedes Kind die absolute und die relative Häufigkeit und begründe, wer am besten getroffen hat.

	Treffer	Versuche
Ben	15	25
Vanessa	14	20
Tim	12	15

Ben: absolute Häufigkeit = 15 relative Häufigkeit = $\frac{15}{25} = \frac{60}{100} = 0{,}6 = 60\,\%$

Vanessa: absolute Häufigkeit = ______ relative Häufigkeit = ______

Tim: absolute Häufigkeit = ______ relative Häufigkeit = ______

Am besten getroffen hat ______, weil ______

2. Die Ergebnisse der ersten beiden Mathematik-Klassenarbeiten der Klasse 6a (25 Kinder) sind in der Tabelle notiert.
Berechne zuerst die Anzahl aller Klassenarbeiten und dann die relativen Häufigkeiten der Noten von 1 bis 6.

Note	1	2	3	4	5	6
Anzahl	5	8	15	12	7	3
Relative Häufigkeit	10 %					

Gesamtzahl:

Note 1:

Note 2:

3. Fußball: Torwart Manuel hat im Training von 60 Elfmetern 40 gehalten, Torwart Bernd hat bei 80 Elfmetern 50 gehalten. Wer sollte beim Elfmeterschießen ins Tor? Begründe deine Entscheidung.

Beim Elfmeterschießen sollte ______ ins Tor, weil ______

SB S. 214 – 215

Zufallsexperimente und Wahrscheinlichkeiten

1. Ordne die Wahrscheinlichkeiten folgender Ereignisse auf der Wahrscheinlichkeitsskala ein.

A … eine 1 oder 2 würfeln	C … eine 6 würfeln	E … eine Zahl größer als 0 würfeln	G … eine Zahl von 1 bis 5 würfeln
B … eine ungerade Zahl würfeln	D … eine 0 würfeln	F … eine 5 oder 6 würfeln	H … zweimal hintereinander 6 würfeln.

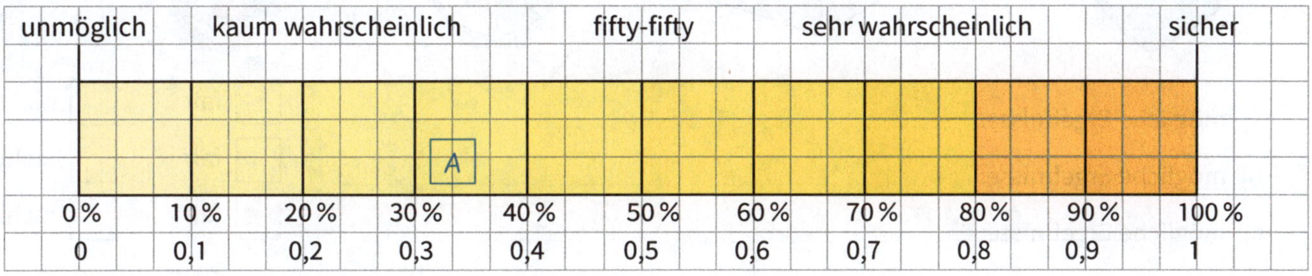

2. Das abgebildete Glücksrad wird gedreht. Kreuze an, ob die Aussage richtig oder falsch ist.

a) Grün ist wahrscheinlicher als rot. ☐ richtig ☐ falsch

b) Blau ist gleich wahrscheinlich wie gelb. ☐ richtig ☐ falsch

c) Rot ist wahrscheinlicher als orange. ☐ richtig ☐ falsch

d) Blau ist weniger wahrscheinlich als grün. ☐ richtig ☐ falsch

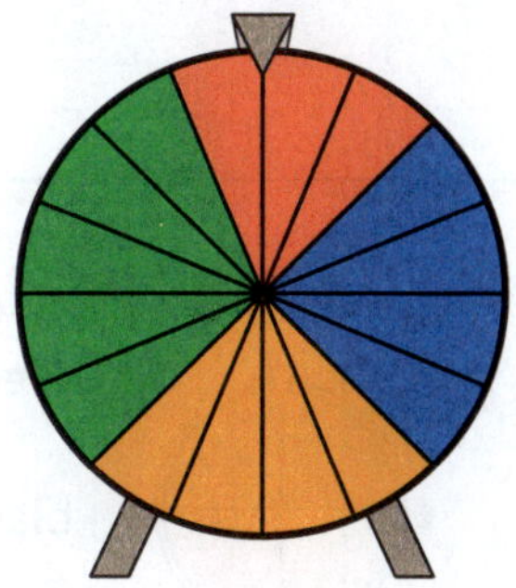

3. Merit verwendet einen Baustein zum Würfeln. Die Seitenflächen hat sie mit den Zahlen 1 bis 6 beschriftet, sodass sich gegenüberliegende Zahlen zu 7 ergänzen. Merit würfelt 100-mal und notiert die Ergebnisse.

a) Leider ist Merits Mitschrift der Häufigkeiten ganz durcheinandergeraten und es fehlen einige Angaben. Hilf Merit und ordne den Häufigkeiten die Seiten 1, 2 und 3 zu. Begründe deine Entscheidung.

Bausteinseite	absolute Häufigkeit
4	10
5	3
6	47
	4
	27
	9

Begründung:

b) Nun möchte Merit insgesamt 500-mal würfeln. Wie viele Sechsen erwartest du?

Digital+ WES-128745-217

Wahrscheinlichkeiten bestimmen

1. Ist das Zufallsexperiment fair, das heißt sind alle Ergebnisse gleich wahrscheinlich?
Notiere alle möglichen Ergebnisse. Kreuze an, ob das Zufallsexperiment fair oder nicht fair ist.

a) würfeln mit einem normalen Würfel
b) würfeln mit einem Quader
c) drehen am Glücksrad
d) mit verbundenen Augen eine Kugel aus der Urne ziehen; die gelbe Kugel ist größer

a) mögliche Ergebnisse: ______ ☐ fair ☐ nicht fair

b) mögliche Ergebnisse: ______ ☐ fair ☐ nicht fair

c) mögliche Ergebnisse: ______ ☐ fair ☐ nicht fair

______

d) mögliche Ergebnisse: ______ ☐ fair ☐ nicht fair

______

2. Wie groß ist die Wahrscheinlichkeit beim Drehen mit dem Glücksrad für blau und gelb?

a) 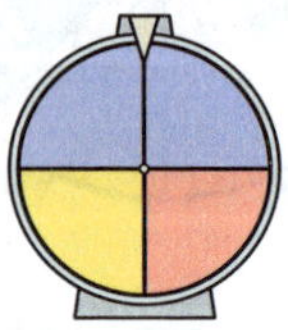
Die Warscheinlichkeit für

blau: ______

gelb: ______

b) 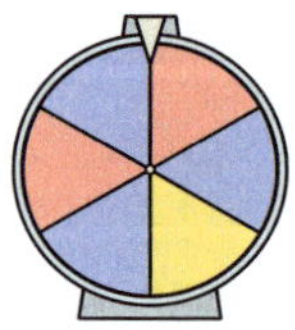
Die Warscheinlichkeit für

blau: ______

gelb: ______

3. Alle diese Karten haben die gleiche Rückseite. Die Karten werden verdeckt auf den Tisch gelegt.
Eine zufällig ausgewählte Karte wird umgedreht.

1	2	3	4	5	3	5	1	2	1	3	1

Ist die Aussage über die umgedrehte Karte wahr oder falsch? Kreuze an.

a) Die Wahrscheinlichkeit, dass 3 auf der Karte steht, beträgt 25 %. ☐ wahr ☐ falsch

b) Mit 50 % Wahrscheinlichkeit ist die umgedrehte Zahl ungerade. ☐ wahr ☐ falsch

c) Beide Farben sind gleich wahrscheinlich. ☐ wahr ☐ falsch

d) Die Wahrscheinlichkeit, dass 2 oder 5 auf der Karte steht, ist $\frac{1}{3}$. ☐ wahr ☐ falsch

e) Eine blaue 1 ist gleich wahrscheinlich, wie eine rote 1. ☐ wahr ☐ falsch

f) Die Wahrscheinlichkeit für 4 beträgt mehr als 10%. ☐ wahr ☐ falsch

g) Eine ungerade blaue Zahl ist wahrscheinlicher als eine ungerade rote Zahl. ☐ wahr ☐ falsch

Kombinieren

1. Die Mensa bietet zum Mittagessen
- 2 Hauptspeisen (Fleisch oder Fisch)
- 3 Beilagen (Reis, Nudel oder Kartoffel)
- 2 Vitaminträger (Gemüse oder Salat)

Die möglichen Kombinationen können in einem Baumdiagramm dargestellt werden.

a) Vervollständige das angefangene Baumdiagramm.

b) Wie viele Kombinationsmöglichkeiten gibt es insgesamt?

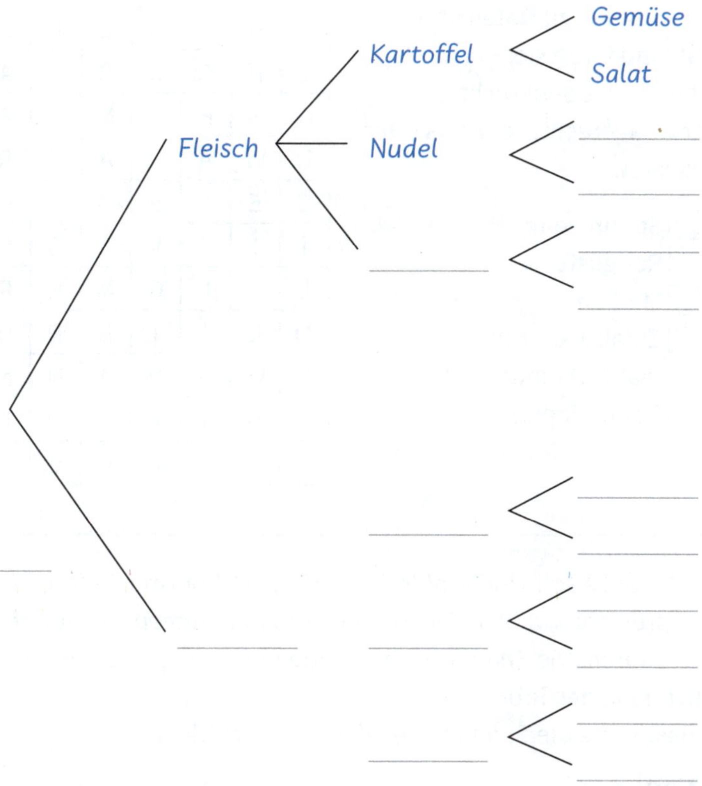

c) Zusätzlich werden 3 verschiedene Desserts angeboten. Wie viele Kombinationsmöglichkeiten gibt es damit?

2. Die Spieler einer Schülermannschaft können wählen zwischen
- 3 Trikots in schwarz, blau oder gelb
- 2 Shorts in rot oder weiß
- 2 Socken in grün oder schwarz

a) Zeichne ein Baumdiagramm für die verschiedenen Wahlmöglichkeiten der Spieler.

b) Wie viele Kombinationsmöglichkeiten gibt es?

3. Ein Fußballspiel endet 3:1. Wie viele Möglichkeiten gibt es für das Halbzeitergebnis?

Aufgabe 1 – 3

1. Finde Begriffe zu Daten und Zufall und färbe sie.
Du findest sie senkrecht oder waagerecht, vorwärts oder rückwärts.

- ☐ Spannweite
- ☐ Rangliste
- ☐ Median
- ☐ Zufallsexperiment
- ☐ Wahrscheinlichkeit
- ☐ Baumdiagramm

Z	U	F	A	L	L	S	E	X	P	E	R	I	M	E	N	T	X
E	H	C	S	R	H	A	Ä	E	I	W	Z	X	E	M	I	A	I
W	R	R	F	M	I	A	R	E	N	U	O	R	D	A	G	R	Y
U	W	A	R	A	G	R	R	D	M	G	Q	R	I	R	T	T	T
G	E	N	S	B	A	U	M	D	I	A	G	R	A	M	M	C	W
I	I	G	V	A	S	C	F	A	R	L	I	N	N	M	R	R	A
L	T	L	G	M	R	R	K	V	L	O	N	E	T	B	R	U	T
O	E	I	T	B	R	U	V	L	T	W	T	P	Z	Ü	N	T	S
U	W	S	P	A	N	N	W	E	I	T	E	R	S	R	T	T	T
T	N	T	L	T	R	E	C	I	M	K	O	O	R	Ä	I	N	A
T	I	E	K	H	C	I	L	N	I	E	H	C	S	R	H	A	W

2. Die Klasse 6a soll eine Schülerin für die Schulmeisterschaften im Weitsprung auswählen. Sie führen also ein Springen zur Qualifikation durch. Die Ergebnisse der beiden besten Springerinnen siehst du in der Tabelle.

a) Bestimme die Spannweiten der beiden Mädchen.

Martha: ______ cm Selina: ______ cm

b) Berechne die Mittelwerte.

Martha: ______ cm Selina: ______ cm

alle Angaben in cm	 Martha	 Selina
1. Sprung	350	280
2. Sprung	390	300
3. Sprung	370	380
4. Sprung	50	300
5. Sprung	340	390

c) Erstelle für beide Mädchen eine Rangliste und kreise den Median ein.

Martha: ☐ ☐ ☐ ☐ ☐

Selina: ☐ ☐ ☐ ☐ ☐

d) Wen von den beiden würdest du zu den Schulmeisterschaften schicken? Begründe deine Entschedung.

____

____

3. Bestimme die Wahrscheinlichkeit, dass das Glücksrad auf dem roten Feld stehen bleibt.

a)

b)

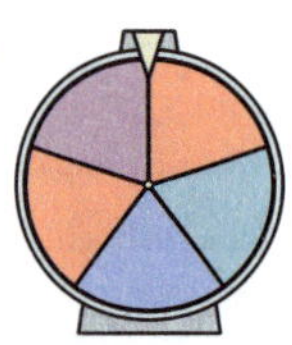

Aufgabe 4 – 5

4. Bei welcher Losbude sollte Jamila ein Los kaufen? Begründe deine Antwort.

Antwort: ______________________________

____

5. Ergänze die Datenreihe mit einem passenden Wert.

a) 17; 24; 5; 10; ____
arithmetisches Mittel: 12

b) 9; 3; 5; 10; 1; ____
Median: 4,5

c) 39; 18; 54; 68; 8; 98; ____
Median: 39

Aufgabe 6

6. Paula hat eine blaue, eine rote und eine gelbe Kugel verdeckt in einer bestimmten Reihenfolge angeordnet.

a) Notiere alle Möglichkeiten für die Anordnung der 3 Kugeln. Wie viele Möglichkeiten gibt es?

____

____

Es gibt ____ Möglichkeiten.

b) Zu ihrer Freundin Saskia sagt Paula: „Gib mir einen Euro Einsatz. Wenn du die richtige Reihenfolge rätst, bekommst du von mir 5 Euro zurück." Sollte Saskia auf die Wette eingehen? Begründe deine Antwort.

____

____

____

Brüche multiplizieren

1. Welche Zeichnung passt zu welcher Aufgabe? Lies auch das Ergebnis ab.

a) 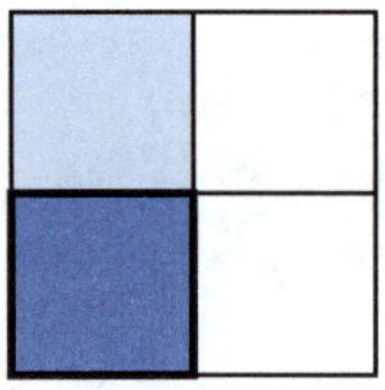

___ · ___ = ___

b) 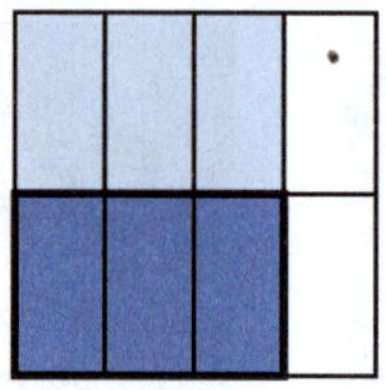

___ · ___ = ___

c) 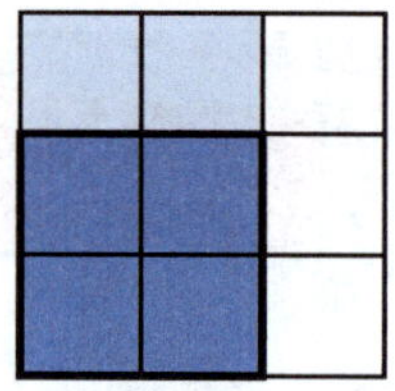

___ · ___ = ___

$\frac{2}{3}\cdot\frac{2}{3}$ | $\frac{1}{2}\cdot\frac{1}{2}$ | $\frac{3}{4}\cdot\frac{1}{2}$

2. Multipliziere die Brüche.

TIPP: $\frac{\text{Zähler}\cdot\text{Zähler}}{\text{Nenner}\cdot\text{Nenner}}$

a) $\frac{1}{3}\cdot\frac{2}{7}=$ ___ b) $\frac{4}{5}\cdot\frac{2}{5}=$ ___ c) $\frac{5}{6}\cdot\frac{7}{8}=$ ___ d) $\frac{2}{9}\cdot\frac{4}{11}=$ ___

e) $\frac{1}{2}\cdot\frac{3}{5}=$ ___ f) $\frac{2}{3}\cdot\frac{4}{7}=$ ___ g) $\frac{1}{5}\cdot\frac{1}{5}=$ ___ h) $\frac{3}{4}\cdot\frac{5}{8}=$ ___

3. Schreibe auf einen Bruchstrich und kürze vor dem Ausrechnen.

LÖSUNGEN: $\frac{1}{6}$ | $\frac{2}{9}$ | $\frac{4}{9}$ | $\frac{6}{7}$ | $\frac{3}{10}$ | $\frac{6}{11}$ | $\frac{10}{21}$

a) $\frac{3}{4}\cdot\frac{2}{9}=\frac{\overset{1}{\cancel{3}}\cdot\overset{1}{\cancel{2}}}{\underset{2}{\cancel{4}}\cdot\underset{3}{\cancel{9}}}=$ ___ b) $\frac{1}{3}\cdot\frac{9}{10}=$ ______ = ___ c) $\frac{3}{5}\cdot\frac{10}{11}=$ ______ = ___

d) $\frac{4}{7}\cdot\frac{5}{6}=$ ______ = ___ e) $\frac{1}{2}\cdot\frac{8}{9}=$ ______ = ___ f) $\frac{8}{21}\cdot\frac{7}{12}=$ ______ = ___

4. Wandle gemischte Zahlen vor dem Multiplizieren um. Kürze, wenn möglich.

a) $1\frac{1}{2}\cdot\frac{4}{7}=$ ______ b) $\frac{5}{7}\cdot 2\frac{1}{3}=$ ______ c) $1\frac{3}{4}\cdot\frac{2}{7}=$ ______

d) $\frac{4}{5}\cdot 3\frac{1}{3}=$ ______ e) $\frac{5}{12}\cdot 1\frac{7}{8}=$ ______ f) $3\frac{1}{3}\cdot 1\frac{1}{2}=$ ______

5. Gegeben sind sechs Brüche: $2\frac{1}{2}$ $\frac{3}{7}$ $\frac{4}{5}$ $\frac{1}{2}$ $1\frac{1}{3}$ $\frac{1}{10}$

a) Multipliziere den größten mit dem kleinsten Bruch. ______

b) Multipliziere zwei Brüche, sodass das Ergebnis möglichst groß ist. ______

6. Berechne möglichst geschickt, indem du die Faktoren tauschst.

a) $\frac{8}{9}\cdot\frac{18}{29}\cdot 2\frac{3}{12}\cdot\frac{29}{18}=$ ______

b) $\frac{1}{6}\cdot 2\frac{4}{25}\cdot 3\cdot\frac{25}{54}=$ ______

Brüche dividieren

1. Von einer $\frac{3}{4}$-m-Leiste werden kleine Leisten mit $\frac{1}{8}$ m Länge abgesägt.

a) Löse in der Zeichnung: Wie viele kleine Leisten sind das?

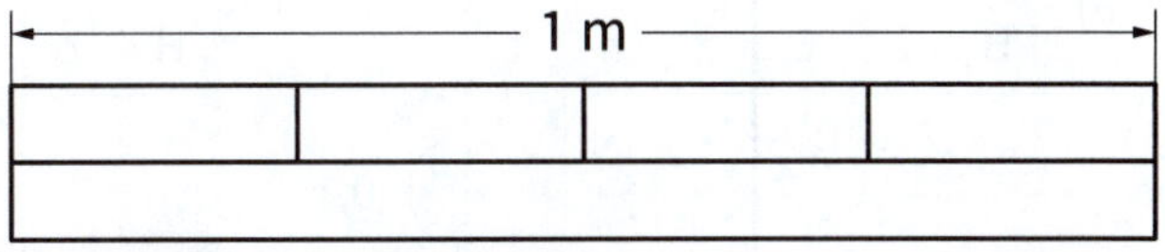

____

b) Wie heißt die passende Rechnung? Kreuze an.

☐ $\frac{3}{4}-\frac{1}{8}$ ☐ $\frac{3}{4}\cdot\frac{1}{8}$ ☐ $\frac{3}{4}:\frac{1}{8}$

2. Schreibe die passende Divisionsaufgabe und berechne.

BEISPIEL

Wie oft passt $\frac{1}{4}$ in 3?

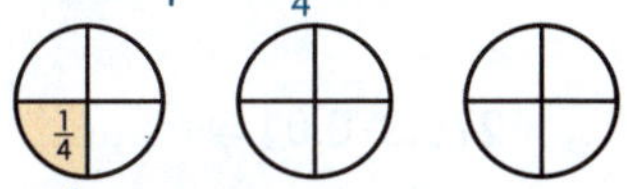

$3:\frac{1}{4}=12$

a) Wie oft passt $\frac{1}{4}$ in 2? _______________

b) Wie oft passt $\frac{1}{2}$ in 5? _______________

c) Wie oft passt $\frac{1}{2}$ in 9? _______________

d) Wie oft passt $\frac{1}{3}$ in 6? _______________

e) Wie oft passt $\frac{1}{5}$ in 8? _______________

3. Dividiere die Brüche.

TIPP

Multipliziere den ersten Bruch mit dem Kehrwert des zweiten Bruchs.

a) $\frac{9}{10}:\frac{2}{3}=\frac{9}{10}\cdot\frac{3}{2}=\frac{9\cdot 3}{10\cdot 2}=$ ___

b) $\frac{4}{7}:\frac{5}{9}=$ ___ · ___ = ______ = ___

c) $\frac{3}{4}:\frac{8}{11}=$ ___ · ___ = ______ = ___

d) $\frac{9}{8}:\frac{1}{7}=$ ___ · ___ = ______ = ___

e) $\frac{2}{3}:\frac{1}{4}=$ ___ · ___ = ______ = ___

f) $\frac{1}{5}:\frac{3}{4}=$ ___ · ___ = ______ = ___

4. Kürze vor dem Ausrechnen.

a) $\frac{2}{5}:\frac{4}{15}=\frac{2}{5}\cdot\frac{15}{4}=\frac{\overset{1}{\cancel{2}}\cdot\overset{3}{\cancel{15}}}{\underset{1}{\cancel{5}}\cdot\underset{2}{\cancel{4}}}=$ ___

b) $\frac{5}{18}:\frac{5}{6}=$ ___ · ___ = ______ = ___

c) $\frac{6}{8}:\frac{3}{4}=$ ___ · ___ = ______ = ___

d) $\frac{8}{9}:\frac{2}{3}=$ ___ · ___ = ______ = ___

e) $\frac{9}{16}:\frac{6}{8}=$ ___ · ___ = ______ = ___

f) $\frac{4}{9}:\frac{10}{12}=$ ___ · ___ = ______ = ___

LÖSUNGEN

$\frac{1}{3}$ | $\frac{3}{2}$ | $\frac{3}{4}$ | $\frac{4}{3}$ | $\frac{8}{15}$ | 1

5. Wandle die gemischten Zahlen um und berechne.

a) $4\frac{1}{3}:\frac{5}{6}=$ _______________

b) $1\frac{1}{2}:\frac{1}{3}=$ _______________

c) $\frac{7}{9}:2\frac{1}{2}=$ _______________

d) $4\frac{3}{4}:3\frac{1}{2}=$ _______________

e) $6\frac{1}{3}:3\frac{1}{6}=$ _______________

f) $3\frac{2}{3}:7\frac{1}{3}=$ _______________

LÖSUNGEN

$\frac{1}{2}$ | $\frac{9}{2}$ | $\frac{26}{5}$ | $\frac{19}{14}$ | $\frac{14}{45}$ | 2

Dezimalzahlen multiplizieren

1. Zeichne das Ergebnis in die Stellenwerttafel. Schreibe darunter die Aufgabe mit Zahlen.

a) (· 0,1)

H	Z	E	z	h	t
	••	••••	•••	•	
		••	••••	•••	•

24,31 · 0,1 = ____

b) (· 0,1)

H	Z	E	z	h	t
•••••		••	••••	••••••	

____

c) (· 0,01)

H	Z	E	z	h	t
	•	•••••	••		

____

2. Multipliziere im Kopf mit 0,1; 0,01 und 0,001.

a) 276,3 · 0,1 = ____
276,3 · 0,01 = ____
276,3 · 0,001 = ____

b) 14,5 · 0,1 = ____
14,5 · 0,01 = ____
14,5 · 0,001 = ____

c) 7 · 0,1 = ____
7 · 0,01 = ____
7 · 0,001 = ____

3. Multipliziere im Kopf. Das Ergebnis hat so viele Nachkommastellen wie die beiden Faktoren zusammen.

a) 0,4 · 0,3 = ____ b) 1,2 · 0,5 = ____ c) 0,3 · 3,3 = ____ d) 0,1 · 0,1 = ____

e) 0,2 · 0,2 = ____ f) 2,4 · 0,2 = ____ g) 5,7 · 0,1 = ____ h) 3 · 0,04 = ____

i) 0,9 · 0,8 = ____ j) 2,7 · 0,1 = ____ k) 0,25 · 0,3 = ____ l) 1,5 · 0,5 = ____

4. Multipliziere schriftlich. Denke an das Komma im Ergebnis.

a) 28,9 · 1,2
2890
578
11
[21]

b) 4,89 · 1,2
[27]

c) 25,3 · 6,2
[26]

d) 7,8 · 0,45
[9]

5. Berechne das erste Produkt und bestimme die anderen Ergebnisse durch Kommaverschiebung.

a) 4,7 · 0,83 = ____
4,7 · 8,3 = ____
0,47 · 0,83 = ____

b) 17,6 · 0,2 = ____
1,76 · 0,2 = ____
0,176 · 0,2 = ____

6. Pedro kauft Trauben, die Waage zeigt 1 950 g.
Wie viel bezahlt er bei einem kg-Preis von 1,80 €?

Antwort: ____

7. Ronja läuft 50 m in 7,5 s. Welcher Geschwindigkeit in Kilometer pro Stunde entspricht dies?

Antwort: ____

Durch eine Dezimalzahl dividieren

1. Zeichne das Ergebnis in die Stellenwerttafel. Schreibe darunter die Aufgabe mit Zahlen.

a) (:0,1)

H	Z	E	z	h
	••	••	•••	•••••
••	••	•••	•••••	

22,35 : 0,1 = ______

b) (:0,1)

H	Z	E	z	h
		••••••		•••

______

c) (:0,01)

H	Z	E	z	h
		••	••••	

______

2. Dividiere im Kopf durch 0,1; 0,01 und 0,001.

a) 0,485 : 0,1 = ______
0,485 : 0,01 = ______
0,485 : 0,001 = ______

b) 2,36 : 0,1 = ______
2,36 : 0,01 = ______
2,36 : 0,001 = ______

c) 15 : 0,1 = ______
15 : 0,01 = ______
15 : 0,001 = ______

3. Dividiere im Kopf.

a) 1 : 0,5 = ______
b) 2 : 0,5 = ______
c) 5 : 0,2 = ______
d) 1 : 0,2 = ______
e) 2 : 0,25 = ______
f) 7 : 0,25 = ______

4. Verschiebe das Komma so, dass der Divisor, also die 2. Zahl, kein Komma hat und das Ergebnis gleich bleibt.

a) 484,5 : 3,5 = 4845 : 35
b) 1,3 : 2,4 = ______
c) 64,15 : 2,4 = ______
d) 18,7 : 0,6 = ______
e) 25,3 : 1,24 = ______
f) 83 : 0,43 = ______

TIPP
Verschiebe die beiden Zahlen und das Komma um gleich viele Stellen nach rechts, bis beim Divisor kein Komma steht.

5. Dividiere schriftlich. Denke an das Verschieben des Kommas.

a) 31,2 : 0,4 = ______ [15]
b) 8,82 : 0,09 = ______ [17]
c) 9,84 : 0,8 = ______ [6]

3 1 2 : 4 =

6. Beim Schulfest verkauft die Klasse 6b Waffeln zu 1,40 €.
Am Abend sind 180,60 € in der Kasse.
Wie viele Waffeln wurden verkauft?

Überschlag: ______

Antwort: ______

Aufgabe 1 – 5

1. Finde die Begriffe zu Brüchen und Dezimalzahlen und färbe sie. Du findest sie senkrecht oder waagerecht, vorwärts oder rückwärts.

- ☐ Kehrwert
- ☐ kürzen
- ☐ Überschlag
- ☐ Faktor
- ☐ Divisor
- ☐ Quotient

K	E	H	R	W	E	R	T	Ä	F	B
Ü	E	Z	W	O	X	F	M	I	A	W
R	E	S	U	F	R	R	A	G	K	A
Z	D	P	G	N	R	S	K	T	T	N
E	X	U	I	D	I	V	I	S	O	R
N	A	Z	L	Ä	N	G	Z	R	R	H
K	V	L	O	M	E	T	J	R	U	T
V	L	T	U	L	E	T	L	A	E	S
Q	U	O	T	I	E	N	T	R	E	H
C	I	M	K	O	O	R	Ä	I	N	A
G	A	L	H	C	S	R	E	B	Ü	L

2. Kürze vor dem Ausrechnen und multipliziere dann.

a) $\frac{2}{7} \cdot \frac{7}{8} =$ ____
b) $\frac{1}{4} \cdot \frac{4}{5} =$ ____
c) $\frac{5}{6} \cdot \frac{3}{10} =$ ____
d) $\frac{6}{25} \cdot \frac{5}{8} =$ ____
e) $\frac{8}{33} \cdot \frac{11}{12} =$ ____
f) $\frac{7}{24} \cdot \frac{16}{21} =$ ____

3. Berechne. Kürze vor dem Ausrechnen, wenn möglich.

a) $\frac{3}{7} : \frac{5}{8} =$ ____
b) $\frac{4}{5} : \frac{1}{9} =$ ____
c) $\frac{3}{4} : 4 =$ ____
d) $\frac{6}{25} : \frac{9}{20} =$ ____
e) $\frac{21}{18} : \frac{35}{9} =$ ____
f) $\frac{11}{12} : \frac{22}{32} =$ ____

4. Rechne im Kopf.

a) $26{,}9 \cdot 0{,}1 =$ ____
b) $1{,}3 \cdot 0{,}2 =$ ____
c) $3{,}5 \cdot 0{,}4 =$ ____
d) $0{,}3 \cdot 0{,}3 =$ ____
e) $0{,}01 \cdot 6{,}5 =$ ____
f) $0{,}15 \cdot 0{,}3 =$ ____
g) $10 : 0{,}5 =$ ____
h) $3 : 0{,}2 =$ ____
i) $5 : 0{,}1 =$ ____

5. Multipliziere oder dividiere schriftlich.

a) $2{,}34 \cdot 4{,}5 =$ ____ [9]
b) $8{,}69 \cdot 0{,}72 =$ ____ [27]
c) $57{,}78 : 0{,}09 =$ ____ [12]

 SB S. 247 – 249

Aufgabe 6 – 9

6. Mit welcher Zahl wurde multipliziert?

a) 4,5 $\xrightarrow{\cdot\ \square}$ 0,45 b) 3,5 $\xrightarrow{\cdot\ \square}$ 0,7 c) 370 $\xrightarrow{\cdot\ \square}$ 0,37

d) 3,6 $\xrightarrow{\cdot\ \square}$ 0,036 e) 2,1 $\xrightarrow{\cdot\ \square}$ 0,084 f) 1,5 $\xrightarrow{\cdot\ \square}$ 1,35

---

7. Kreuze jeweils die Rechenoperationen an, die zur bildlichen Darstellung passen. Es können auch mehrere Lösungen richtig sein.

a)  $\cdot 3$ ☐ $\cdot \frac{3}{2}$ ☐ $\cdot \frac{2}{3}$ ☐

b)  $: \frac{1}{6}$ ☐ $\cdot \frac{1}{6}$ ☐ $: 6$ ☐

---

8. a) Die Klasse 6a verkauft beim Sportfest $13\frac{1}{2}$ Liter Apfelsaft in $\frac{1}{4}$-Liter-Gläsern zu 0,50 €. Wie hoch waren die Einnahmen?

Antwort: ______________________

b) Marc denkt sich eine Zahl, multipliziert sie mit $\frac{1}{2}$ und erhält $\frac{5}{6}$. Wie heißt die gedachte Zahl?

Antwort: ______________________

c) Amari multipliziert $1\frac{1}{2}$ mit $2\frac{1}{2}$ und subtrahiert dann $2\frac{2}{5}$. Welches Ergebnis erhält er?

Antwort: ______________________

---

9. Ein Rechteck hat einen Flächeninhalt von 17,48 cm^2, die Länge misst 3,8 cm. Berechne die Breite.

Antwort: ______________________

Aufgabe 10

10. Von den Ziffern kannst du jede nur einmal verwenden:

0 1 4 6 9

Setze die Ziffern so in die folgenden Lücken ein, dass

a) ein möglichst großes Ergebnis entsteht:

☐,☐☐ · ☐,☐ = __________

b) ein Ergebnis entsteht, das möglichst dicht bei 1 liegt:

☐,☐☐ · ☐,☐ = __________

Bildquellenverzeichnis

|Bundesministerium der Finanzen, Berlin: 31.3, 31.4, 31.5, 51.2, 51.3, 51.4, 51.5, 51.6, 51.7, 51.9, 51.10, 51.11, 51.12, 51.13, 51.14, 51.17, 51.18, 51.19, 51.20, 51.21, 51.22, 51.23, 51.25, 51.26, 51.27, 51.28, 51.29, 51.30, 51.31, 53.3, 53.4, 53.5, 53.6, 53.7, 53.8, 53.9, 53.10, 53.11, 53.12, 53.13, 53.14, 53.15, 53.16, 53.17, 53.18, 53.19, 53.20, 53.21, 53.22, 53.23, 53.24, 53.25, 53.26, 53.27, 53.28, 53.29, 53.30, 53.31, 53.32, 53.33, 53.34, 53.35, 53.36, 53.37, 53.38, 53.39, 53.40, 53.41, 53.42, 53.43, 54.1, 54.2, 54.3, 54.4, 54.5, 54.6, 54.7, 54.8, 54.9, 54.10, 54.11, 54.12, 54.13, 54.14, 54.15, 54.16, 54.17, 54.18, 54.19, 54.20, 54.21, 54.22, 54.23, 54.24, 54.25, 54.26, 54.27, 54.28, 54.29, 54.30, 54.31, 54.32, 54.33, 54.34, 54.35. |Europäische Zentralbank, Frankfurt am Main: 31.1, 31.2, 51.8, 51.16. |Fero Art - Illustration & Grafik Design, Moers: 4.1, 4.2, 5.1, 5.2, 5.3, 6.1, 7.2, 8.1, 8.2, 9.1, 9.3, 10.1, 10.3, 13.2, 18.1, 18.2, 18.3, 18.4, 18.5, 18.6, 19.6, 25.5, 26.1, 29.1, 29.2, 29.3, 35.5, 35.6, 38.5, 38.6, 38.8, 40.6, 40.7, 40.8, 41.7, 41.8, 41.9, 41.10, 47.1, 47.2, 49.1, 49.2, 49.3, 49.8, 49.9, 49.10, 51.1, 51.15, 51.24, 53.1, 53.2, 53.44, 53.45, 55.1, 55.2, 57.1, 58.1, 60.6, 61.1, 61.2, 61.3, 62.1, 62.2, 62.3, 62.4, 62.5, 62.6, 62.7, 63.11, 64.1, 64.7, 64.8, 64.9, 64.10, 64.11, 64.12, 66.4, 66.5, 67.1, 68.1, 68.2, 68.3, 68.4, 68.5, 70.1, 70.2, 71.2, 72.2, 72.3, 72.4, 73.1, 74.1, 74.2, 75.1, 75.2. |stock.adobe.com, Dublin: anzebizjan Titel; Rosskothen, Michael Titel; Tran-Photography Titel. |Wojczak, Michael, Braunschweig: 3.1, 3.2, 3.3, 7.1, 9.2, 10.2, 11.1, 11.2, 11.3, 11.4, 11.5, 11.6, 11.7, 13.1, 13.3, 14.1, 14.2, 14.3, 14.4, 14.5, 14.6, 14.7, 15.1, 15.2, 15.3, 15.4, 15.5, 15.6, 15.7, 15.8, 15.9, 15.10, 15.11, 15.12, 16.1, 16.2, 16.3, 16.4, 16.5, 16.6, 16.7, 16.8, 16.9, 16.10, 16.11, 19.1, 19.2, 19.3, 19.4, 19.5, 20.1, 20.2, 20.3, 20.4, 20.5, 20.6, 21.1, 21.2, 21.3, 21.4, 21.5, 22.1, 22.2, 23.1, 23.2, 23.3, 23.4, 24.1, 24.2, 24.3, 24.4, 24.5, 24.6, 24.7, 24.8, 24.9, 24.10, 24.11, 24.12, 24.13, 24.14, 25.1, 25.2, 25.3, 25.4, 27.1, 27.2, 27.3, 27.4, 27.5, 27.6, 27.7, 27.8, 27.9, 27.10, 27.11, 28.1, 28.2, 28.3, 31.6, 31.7, 31.8, 31.9, 32.1, 32.2, 32.3, 32.4, 32.5, 32.6, 32.7, 35.1, 35.2, 35.3, 35.4, 35.7, 35.8, 35.9, 35.10, 35.11, 36.1, 36.2, 36.3, 36.4, 36.5, 36.6, 36.7, 36.8, 36.9, 36.10, 37.1, 37.2, 37.3, 37.4, 37.5, 38.1, 38.2, 38.3, 38.4, 38.7, 39.1, 39.2, 39.3, 39.4, 39.5, 39.6, 39.7, 39.8, 39.9, 39.10, 39.11, 40.1, 40.2, 40.3, 40.4, 40.5, 40.9, 40.10, 41.1, 41.2, 41.3, 41.4, 41.5, 41.6, 41.11, 41.12, 41.13, 42.1, 42.2, 42.3, 42.4, 42.5, 42.6, 42.7, 42.8, 42.9, 42.10, 42.11, 42.12, 42.13, 43.1, 43.2, 43.3, 43.4, 43.5, 43.6, 43.7, 43.8, 43.9, 43.10, 43.11, 43.12, 43.13, 43.14, 44.1, 44.2, 44.3, 44.4, 44.5, 44.6, 44.7, 44.8, 44.9, 44.10, 45.1, 45.2, 45.3, 45.4, 45.5, 45.6, 46.1, 46.2, 46.3, 46.4, 46.5, 46.6, 46.7, 46.8, 46.9, 46.10, 46.11, 46.12, 46.13, 46.14, 46.15, 46.16, 46.17, 46.18, 46.19, 46.20, 49.4, 49.5, 49.6, 49.7, 50.1, 50.2, 50.3, 50.4, 50.5, 50.6, 50.7, 50.8, 58.2, 58.3, 58.4, 58.5, 59.1, 59.2, 59.3, 60.1, 60.2, 60.3, 60.4, 60.5, 60.7, 61.4, 61.5, 61.6, 61.7, 61.8, 61.9, 61.10, 61.11, 61.12, 61.13, 61.14, 61.15, 61.16, 61.17, 63.1, 63.2, 63.3, 63.4, 63.5, 63.6, 63.7, 63.8, 63.9, 63.10, 64.2, 64.3, 64.4, 64.5, 64.6, 65.1, 65.2, 65.3, 65.4, 65.5, 66.1, 66.2, 66.3, 67.2, 67.3, 67.4, 67.5, 67.6, 71.1, 72.1, 72.5, 72.6, 74.3, 74.4, 77.1, 77.2, 81.1, 81.2, 83.1, 83.2, 84.1.

Vorlage Winkelscheibe

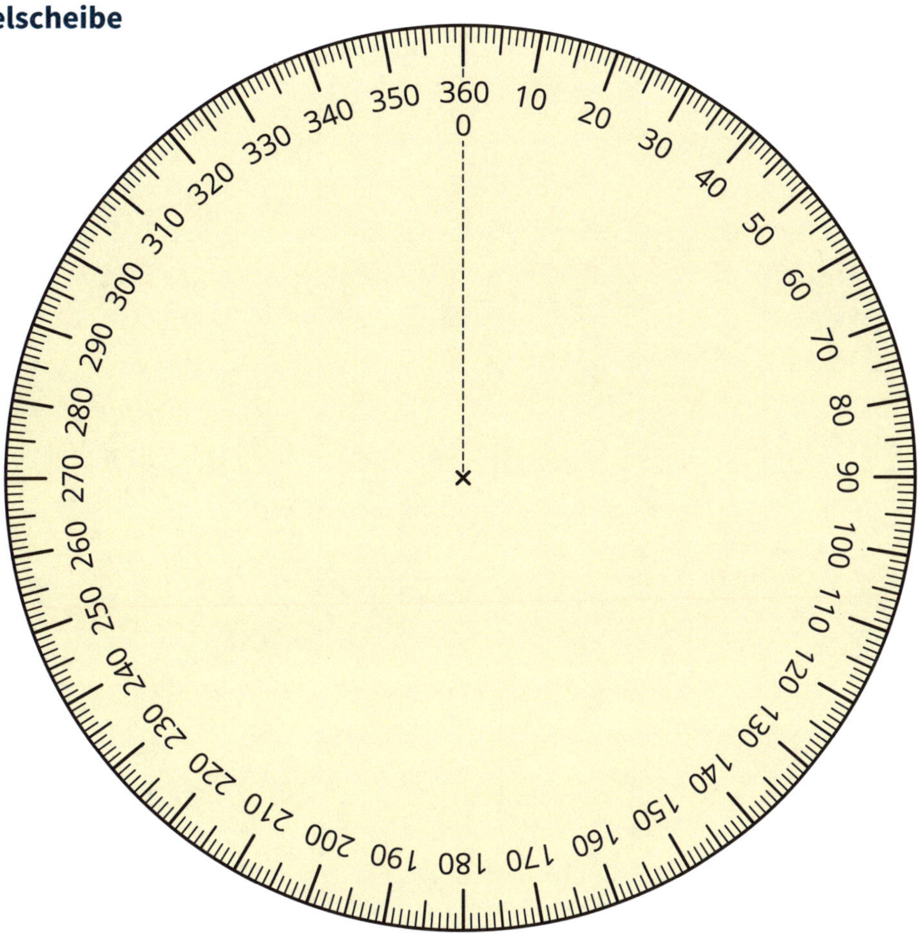

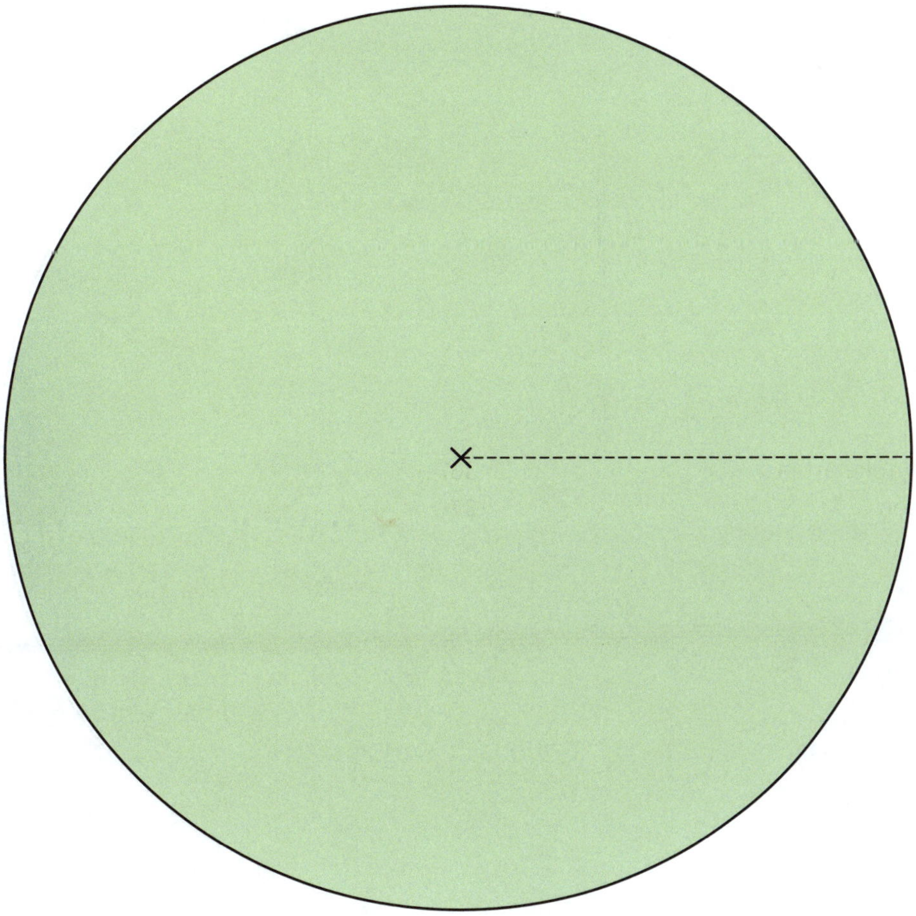

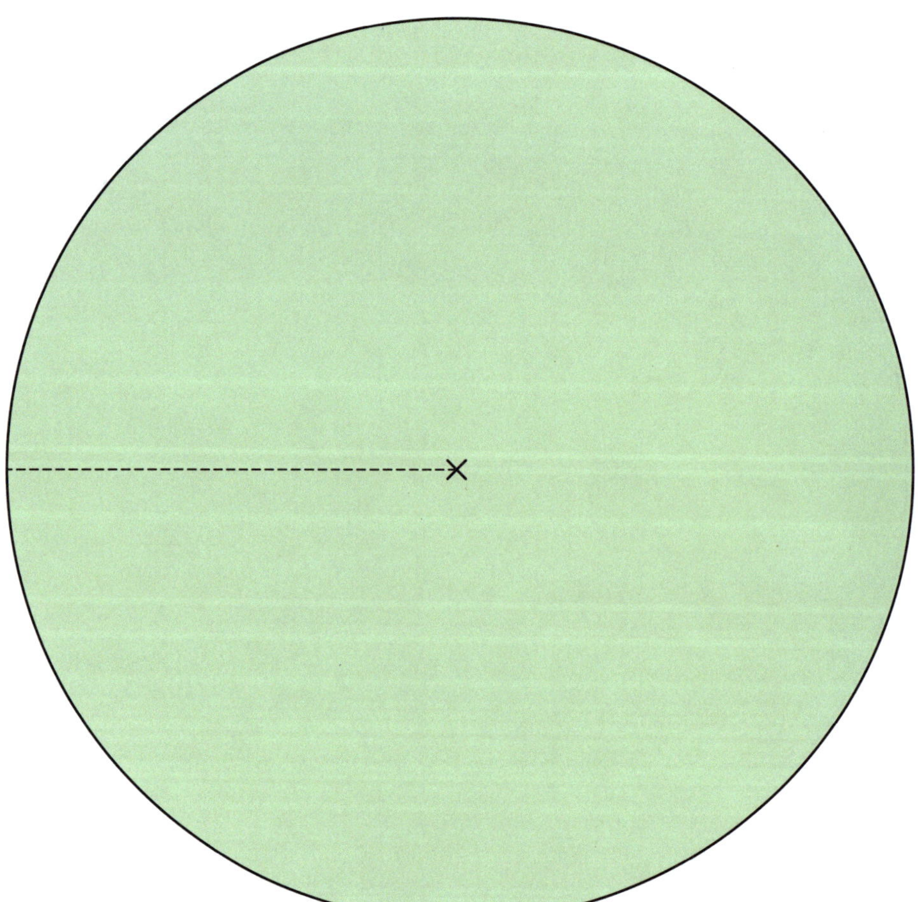